高职高专艺术设计类专业系列教材

室内施工图表现

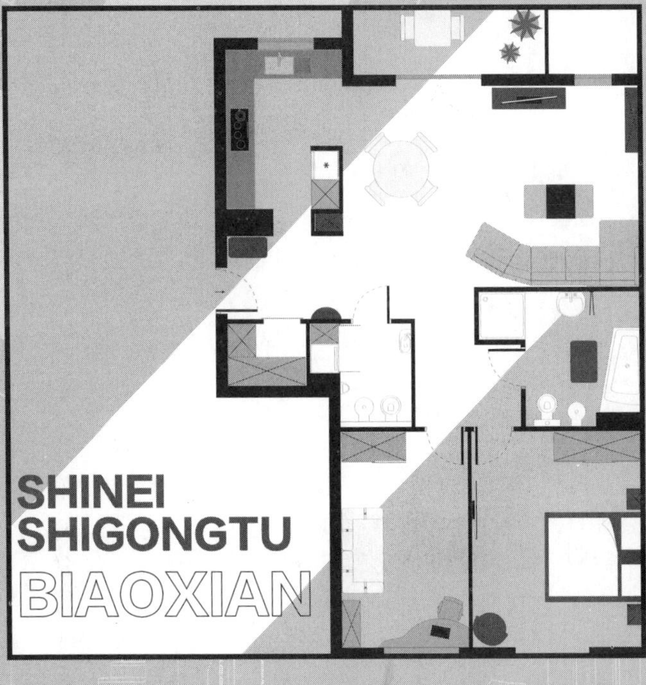

曹小东　主编　　　李　曼　袁继芳　副主编

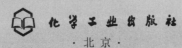

化学工业出版社
·北京·

内容简介

本书以住宅施工图平面表现、精装住宅施工图表现、企业项目施工图表现三个项目为主线，以完成A、B、C三级能力晋升为任务目标，按照项目任务的形式展开讲解，将室内施工图深化内容分解为6个模块、14个知识点、13个技能点，并包括课程导入和拓展资源等内容。其中涉及的专业知识点包括：关于室内平面、立面、剖面及节点系列施工图纸的深化表现；室内施工图纸绘制的标准与规范；室内施工图的成果与内容的表达。

本书适合于应用型本科、职业院校的室内设计、建筑室内设计等相关专业作为教学用书，也适合从事施工图绘制的从业人员参考使用，同时可作为考取室内设计"1+X"国家职业技能等级证书配套用书。

图书在版编目（CIP）数据

室内施工图表现/曹小东主编；李曼，袁继芳副主编．—北京：化学工业出版社，2022.9

ISBN 978-7-122-41506-6

Ⅰ.①室… Ⅱ.①曹… ②李… ③袁… Ⅲ.①室内装饰设计-建筑制图-教材 Ⅳ.①TU238.2

中国版本图书馆CIP数据核字（2022）第086189号

责任编辑：李彦玲　　文字编辑：师明远
责任校对：边　涛　　装帧设计：王晓宇

出版发行：化学工业出版社（北京市东城区青年湖南街13号　邮政编码100011）
印　　装：大厂聚鑫印刷有限责任公司
787mm×1092mm　1/16　印张9　字数209千字　　2022年9月北京第1版第1次印刷

购书咨询：010-64518888　　售后服务：010-64518899
网　　址：http://www.cip.com.cn
凡购买本书，如有缺损质量问题，本社销售中心负责调换。

定　　价：35.00元

前言

施工图无论是在设计，还是在施工中都起着至关重要的作用，在整个项目决策、实施、运营全寿命周期中都起着重要的作用。施工图是设计人员用来表达设计思想、传达设计意图的技术性文件，是方案落地达成的依据。施工图的表现是最精确的设计语言，能完成可实现的沟通。相比之下，这种图示语言更加偏向于数据与理性。目前很多设计公司已经由原来使用效果图或其他直观可视语言进行表达，转而用施工图来沟通设计思路和表达方案。

随着行业的发展和进步，社会分工越来越细化，室内施工图的表现已经独立出来成为一门技能，并且逐步衍生出独立的职业岗位——施工图深化设计师。对于当前室内装饰行业来说，施工图的制作与表达是行业不可或缺的技能与手段，而我们培养的专业学生就必须掌握这样一门岗位职业技能。本书所述专业内容是市场产业需求的产物，并且本书着力贯穿教学入口与岗位出口，以链接授课内容与岗位技能为主线展开，弥补当前市场日益增长的施工图制作与设计人才缺口。

“室内施工图表现”课程是从属于建筑室内设计（440106）专业目录下的专业核心课程，为岗位细分所需的专业技能设定任务，对应国家职业标准。同时，本书的线上配套信息化资源也在同步建设。

本书编写联合了专项绘制施工图的企业，建设中听取了专业施工图深化设计师对行业的预判以及企业对就职人员必备的岗位能力技能的要求，是校企共建的“指导工作手册式”教材。具体编写人员如下：曹小东任主编，李曼、袁继芳任副主编，企业参编人员有周博、蔡雨洋、伊振华、齐权、宁世亮，院校参编人员有宁若茜、魏宇楠、翁倩、姜野、李军、李鑫（学生）、陈芯娅（学生）。

本书中所述案例为指导实际施工所做的整理总结，因材料、工艺日益发生着变化，国家标准及规范也在不断更新中，案例具有一定的时效性。因上述原因，书中如有不完善之处，敬请见谅。也欢迎同行指导，以便我们及时修正。

编者

2022年2月

目录

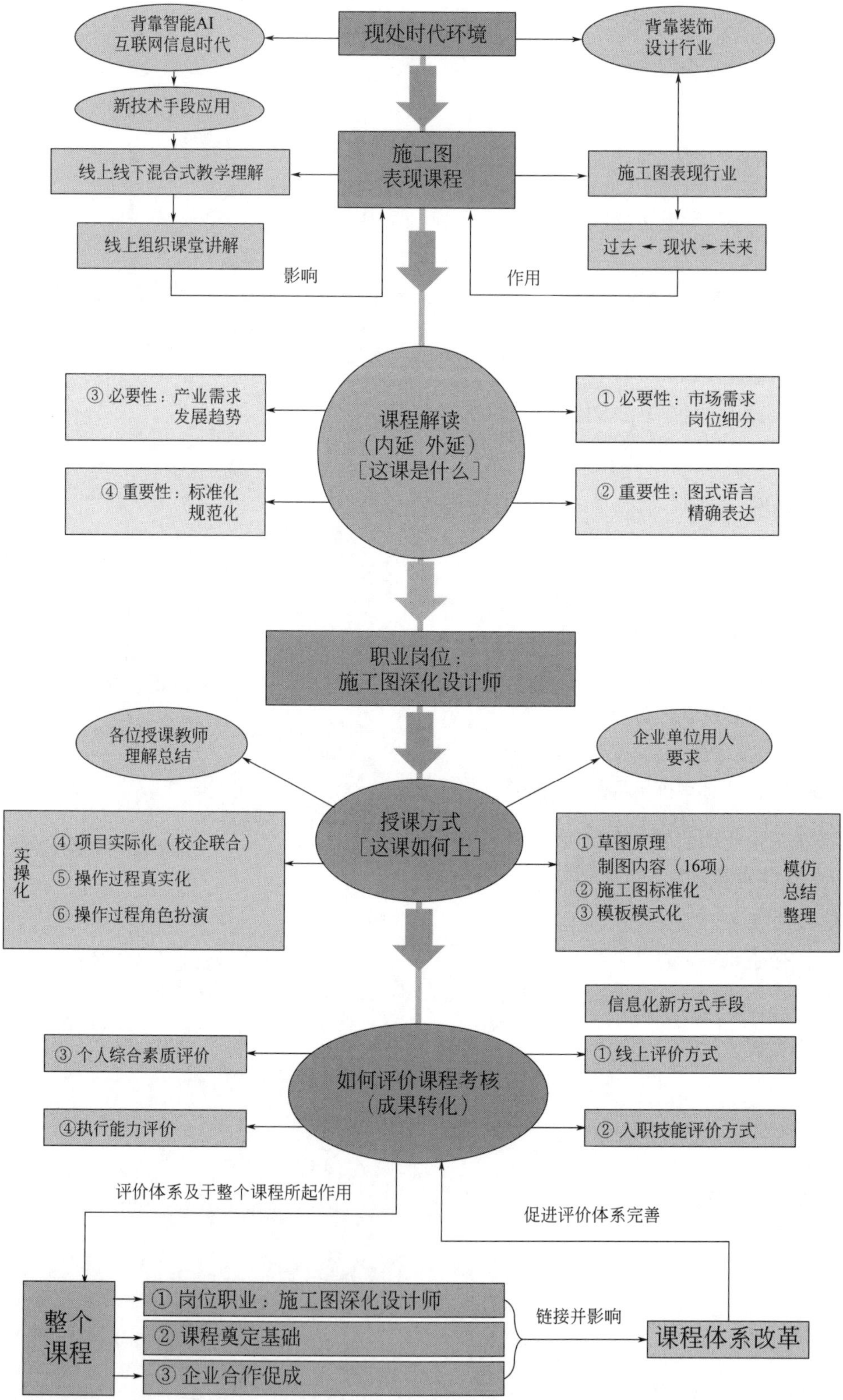

施工图表现课程结构体系示意图

课程导入：你需要学前了解的

一、施工图表现背景概览

关于施工图表现背景概览，同学们正式学习前可以听听教师和企业专家的课程访谈，看看专家和专任教师们对行业和课程的理解和看法，有助于我们宏观把握课程的学习内容。

大家可以放松心态，利用闲暇时间观看我们课程访谈视频，以欣赏的角度完成对施工图表现行业及课程的背景的了解。当然大家也可以直接阅读我们配套的文字内容，有助于深入理解讲述内容。

你也可以选择跳过此部分，直接进入正题，进行下面三个项目的学习。无论你有无基础，都可以感受到课程安排给你带来的循序渐进学习晋级的喜悦。

1. 课程访谈（一）　2. 课程访谈（二）　3. 课程访谈（三）

课前思考题

你了解施工图表现行业及本课程的背景吗？正式开课之前，大家可以参考课程导入环节，说说你对施工图行业背景及课程的了解情况，并叙述你的观点。

1. 了解室内施工图表现行业

（1）施工图表现是设计图示语言的精准表达（重要性）

在我们完整地表达可实施的设计预想时，施工图作为设计表达语言可以精确地表达设计想法，并付诸实践。也就是说，设计的精确实施可以没有效果图的展示，但却不能没有施工图的精确表达。因为设计的完整以及精确的实施需要的是尺度、材质等一系列细部微妙变化的理性和量化的处理。

（2）施工图表现的标准化与规范性（重要性）

规范的施工图表达是关联不同地域的共同的设计语言，无论海内外或不同的地域环境，通用的规范化的图示语言可以缩短这些不同带来的差距，可以更加明确地表达设计思路和实现设计方案。

（3）室内施工图表现的岗位是产业需求与发展趋势（重要性）

施工图的表达是最精确的设计语言，能完成可实现的沟通。相比之下，这种图示语言更加偏向数据与理性。目前好多设计公司已经由此部分替代了效果图或其他直观可视语言的表达，直接转而用施工图来沟通设计思路和表达方案。当然，由于行业的需求，北方地区也陆续细分市场需求，越来越多的施工图专项表达公司也逐渐登上职业舞台。

（4）“室内施工图表现”课程是市场需求、岗位细分产物（必要性）

“室内施工图表现”是一个升级后的课程，以往理解上的施工图是为设计辅助服务的，随着行业的发展和进步，社会分工越来越细化，施工图的表现已经独立出来成为了一门技能，并且逐步衍生出独立的职业岗位——施工图深化设计师。

2. 企业角度解读施工图表现行业

（1）施工图是指导施工的重要文件

首先，施工图无论是在设计，还是在施工中都起着至关重要的作用。其在整个项目决策、实施、运营全生命周期都起着重要的作用，特别是在项目实施期中，施工图是指导施工的重要性文件。施工图绘制质量的高低直接影响施工的进度控制、成本控制、质量控制、安全管理、合同管理、信息管理以及组织与协调，即所谓的项目管理中的“三控三管一协调”。其次，施工图是设计人员用来表达设计思想、传达设计意图的技术性文件，是方案落地达成的依据。

（2）要按照《房屋建筑制图统一标准》进行绘制

根据正确的制图理论及方法，按照《房屋建筑制图统一标准》（GB/T 50001—2017）要求绘制，将室内空间各个面上的设计情况在二维图面上表现出来，包括平面、顶面、立面、剖面及节点详图。施工图有很多行业及专业，如建筑、水电、暖通、装饰、幕墙、景观等。在这里我们主要讲室内装饰装修这一部分，按其施工图阶段划分可分为前期方案施工图、中期施工图、变更施工图、后期竣工图四个部分。

（3）市场需要懂施工工艺与施工图表现的专业人才

施工图表现不同于方案效果表现，不仅需要娴熟的计算机应用操作能力，如我们常用的AutoCAD，还要懂施工工艺，因为我们绘制的图纸最终是要用来指导施工的，所以对绘制人员的综合素养要求要高些。市场上不缺乏施工图表现的操作人员，但缺乏专业的既懂得工艺要求又懂得表现的专业人才。施工图表现更深层的含义应是施工图深化设计，行业中方案设计师易得，而施工图深化设计师难得。

（4）施工图表现的技术规范、行业标准有待完善

施工图表现是一门多行业多专业交叉的学科，它存在的意义不仅在于美化环境，更在于提高人民的生活质量。经济的高速发展，固定资产投入的增加，使室内设计师有了更广阔的体现自我价值的舞台。而日趋激烈的市场竞争，所引发施工技术的频繁更新，业主素质的提高，都对深化设计师提出了更高的要求。而作为新兴的学科，室内施工图设计师专业的技术规范、行业标准尚不完善，各公司都有自己不同的表达方式。

（5）施工图深化设计师人才的缺乏

现实中，国内的设计行业普遍存在的设计费低、设计周期短等现象，极易造成施工图纸质量低下，而由于设计人员素质参差不齐，因竞争的原因存在重视效果图轻施工图的思想，校对、审核、审定过程的不完善、不重视，均对图纸质量造成极大的影响。长此以往，形成恶性循环，极不利于行业的发展。所以为解决如今社会上施工图深化设计师的匮乏，以及人们对施工图技术人员的轻视这一难题，学院应将如何造就人才，改变未来行业发展的命脉作为根本的责任和义务，并且需首当其冲地成为知识传播的领路人。

（6）施工图深化是方案表达的重要依据

施工图作为装饰方案施工的指导和依据，必须准确到位。而深化设计师的首要任务就是不断提高自己的理解水平，树立设计的威信。为更好地将设计方案转换为施工图，深化设计师必须思考采用何种材料更经济，何种工艺更利于施工，把握各种尺度以满足客户的使用要求，以较低的工程成本达到较高的艺术效果，满足方案设计的意图。

3. 企业对施工图方面人才的要求

对企业来讲，无论是施工图绘图员，还是施工图深化设计师，考核较多的有三点：品格、性格、技术。其中，企业对学生考核的技术标准参照如下。

① 对施工绘制相关软件掌握的熟练程度。

② 对现行国标、行标、企标施工图绘制规范要求的掌握和理解。

③ 理解并掌握施工图绘制的内容、基本方法和原理。

④ 工艺要求及绘制的熟练掌握。

⑤ 图面的完整性、统一性、美观性的综合体现。

⑥ 打印输出所需注意的相关事宜。

只有具备了上述综合能力才能称得上是真正意义上的施工图深化设计师。

二、施工图表现前导课程准备

关于施工图前导课程准备，包含了CAD基础命令加强、CAD实操案例训练两个部分。本课程需要将CAD制图课程作为前导课程，需要掌握一些基本的软件操作命令。

当然，如果你没有任何基础也不需要担心，本课程给你提供了必备的知识内容的讲解，你可以在课程中进行同步学习；或者你可以直接进入课程项目部分，跟随制作项目任务的同时再完成相关的命令操作。

课前思考

说说你想怎样学习本课程？如果你有一定基础，谈谈你的想法并给新手朋友一些建议。

1. CAD基础命令加强

目前，市面上用于绘制施工图的软件工具有几种，比如天正、中望等，但最常见最普及的还是Autodesk出品的AutoCAD软件，目前已经更新到2021版本，本书中使用的是AutoCAD2014版本。

CAD制图技术是施工图表现的重要绘图方式，熟练掌握CAD基础操作命令，并强化运用CAD主要命令，对于绘制施工图十分重要。

2. CAD实操案例训练

（1）施工图制图一般步骤（图0-1）

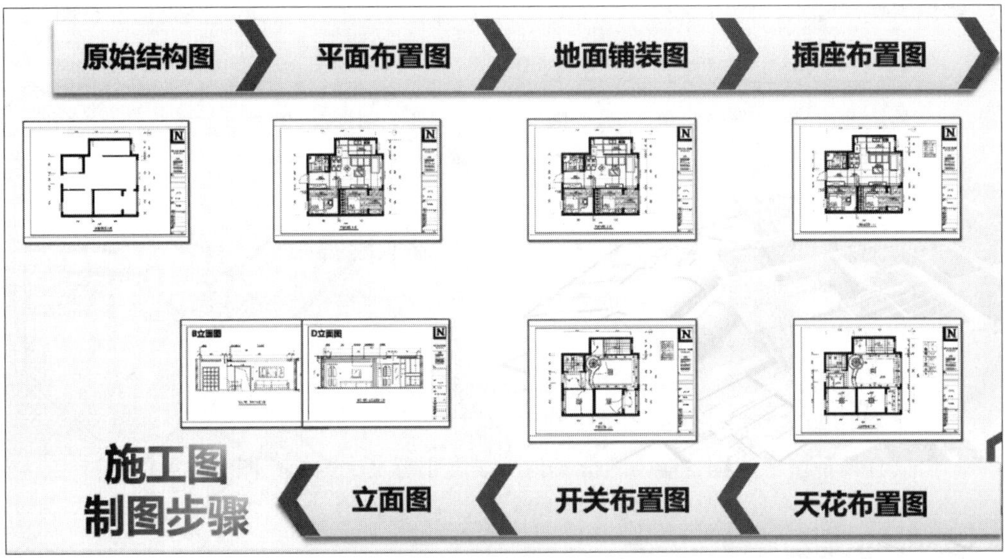

图0-1

（2）原始结构图画法（图0-2）

打开AutoCAD制图软件“模型”界面，根据量尺图，用“直线（L）”或“多段线（PL）”工具绘制建筑的原始墙体、水管道、通风口、门、窗、尺寸标注→图纸空白处绘制指北针。

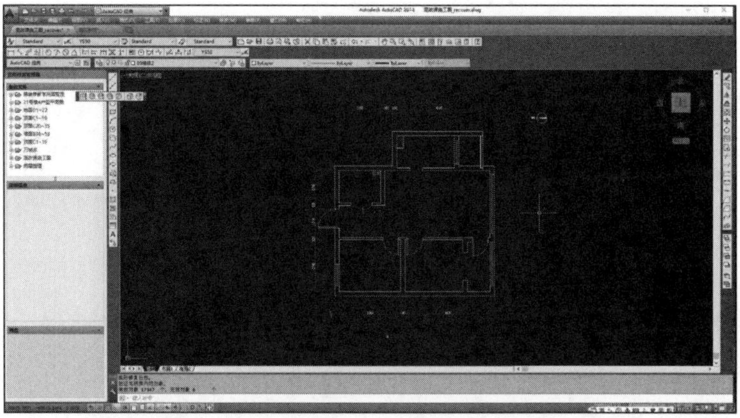

图 0-2

① 绘图项目分类。

如图0-3 ~图0-7所示。

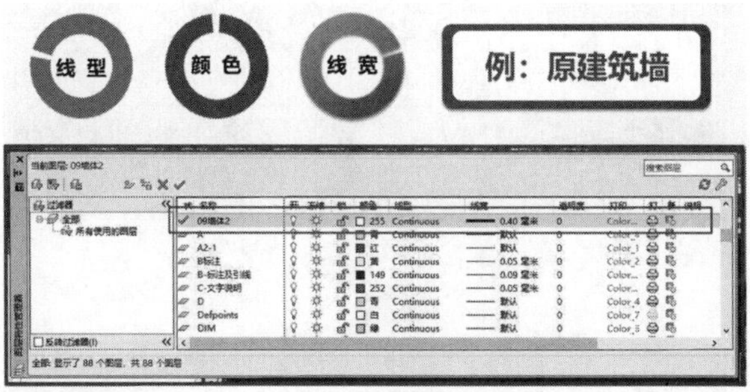

图 0-3

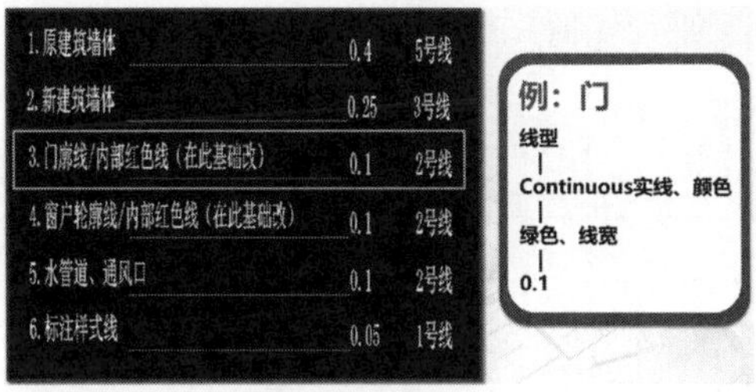

图 0-4

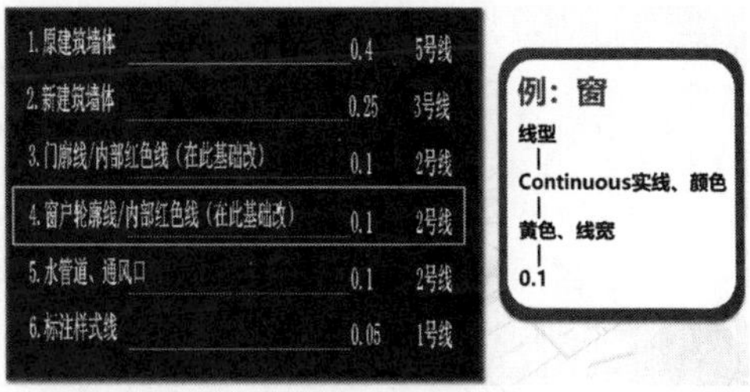

图 0-5

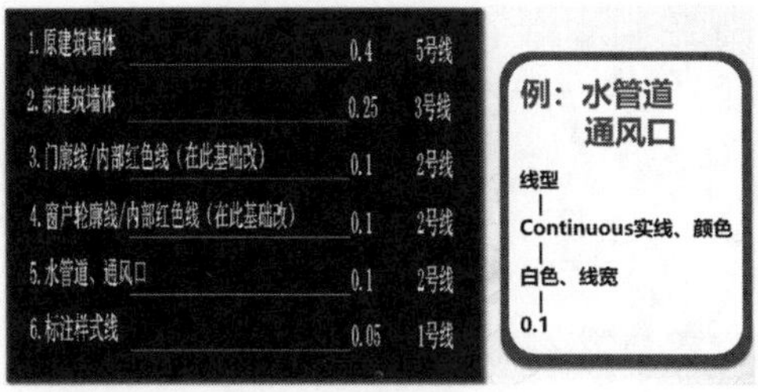

图 0-6

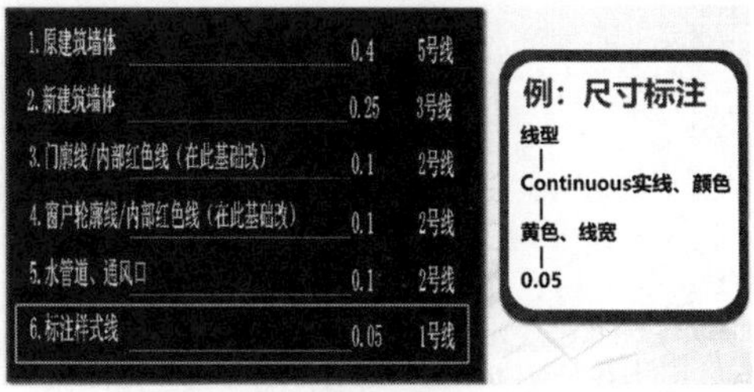

图 0-7

② 布局界面。

a. 画A3图纸尺寸的矩形→导入图框→用快捷键“MV”框选图框内框→导入原始结构图（图0-8 ~图0-11）

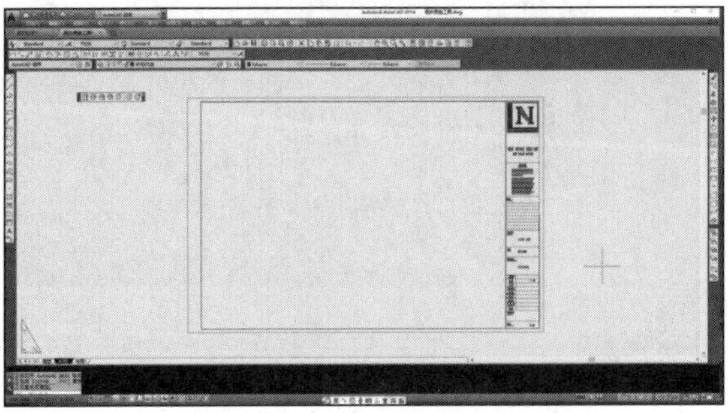

图0-8

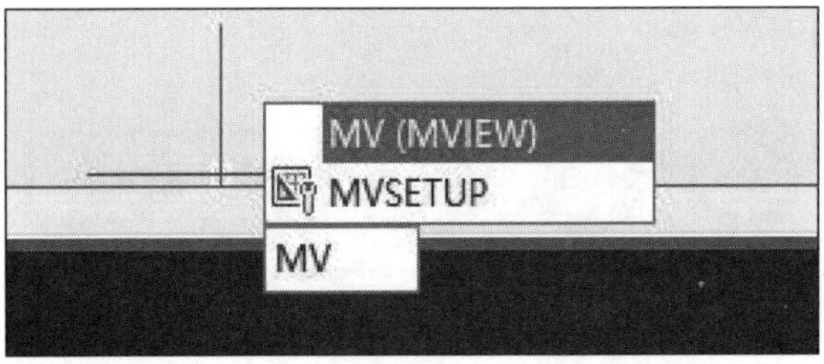

图0-9

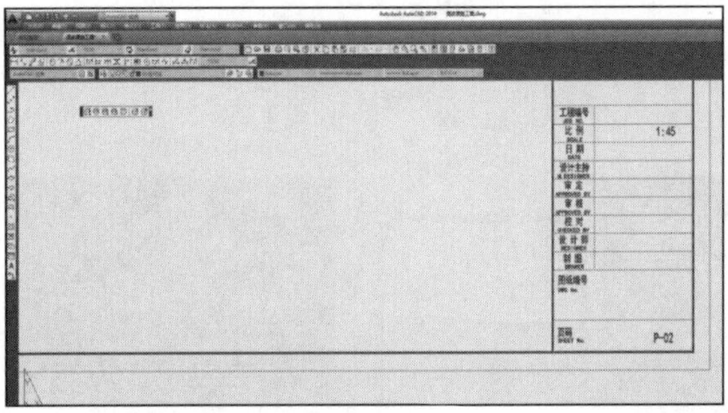

图0-10

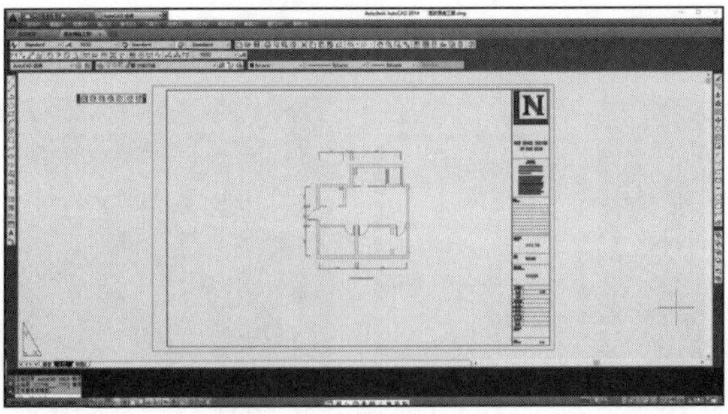

图0-11

b.调整原始结构图在图框中的位置，设置图纸比例，快捷键为“Z→空格→S→空格”，输入“1/（N）xp”（N值通常为50、100、150、200），锁定比例。双击图框外部分，标注图框中的文字内容（图0-12）。

图0-12

（3）绘制平面布置图（图0-13）

在“模型”界面复制原始结构图→在“布局”界面用图框围合复制的原始结构图→墙体改建→导入/绘制家具模型、立面索引符号、功能分区文字→设置线型、颜色、厚度→设置布局比例→锁定比例。

图0-13

① 导入模型的方法。在CAD模型库中选中模型，按“Ctrl+C”，接下来，到正在绘制的CAD图形中，按“Ctrl+V”粘贴该模型（图0-14）。

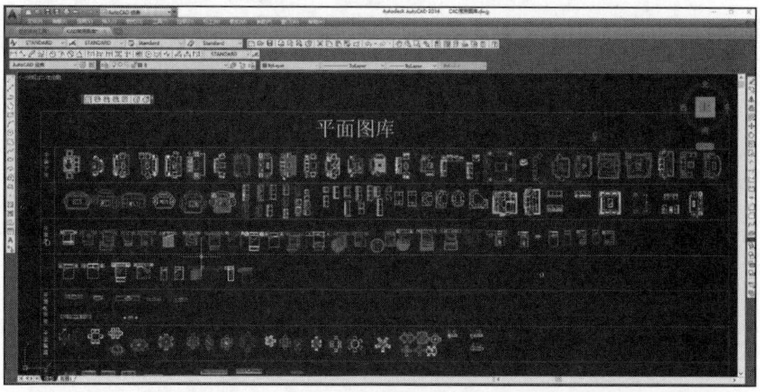

图0-14

② 模型与文字的线型设置（图0-15和图0-16）。

1.家具	0.05	7号线
2.立面索引	0.1	2号线
3.文字	0.05	7号线

图 0-15

文字

线型——Continuous实线、颜色——黄色、线宽——0.05

图 0-16

（4）绘制地面铺装图（图0-17）

① 在布局界面复制平面布置图及其图框→双击内框→隐藏平面布置图中的家具、立面索引符号。

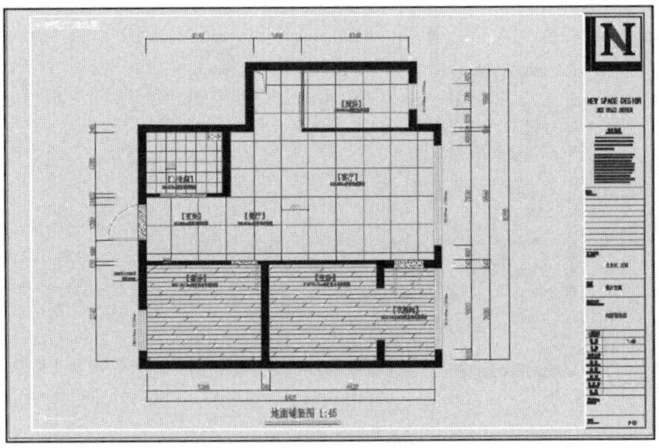

图 0-17

② 新建地面铺装图层→单击快捷键“H”（图0-18）。

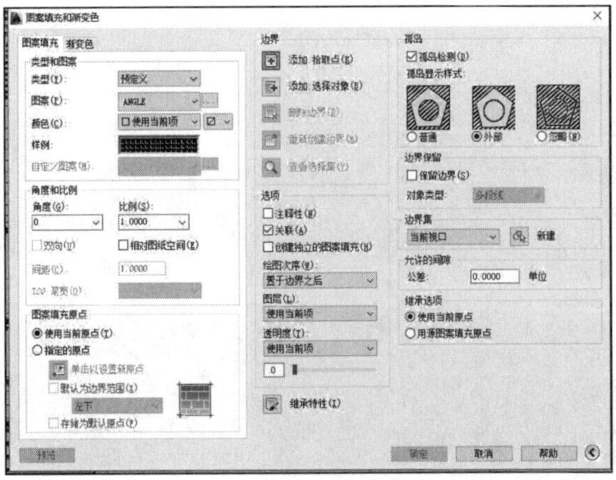

图 0-18

③ 选择地面铺装的图案（图0-19 ～图0-21）。

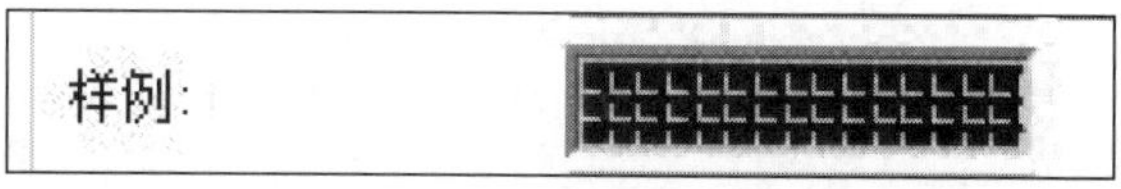

图 0-19

图 0-20

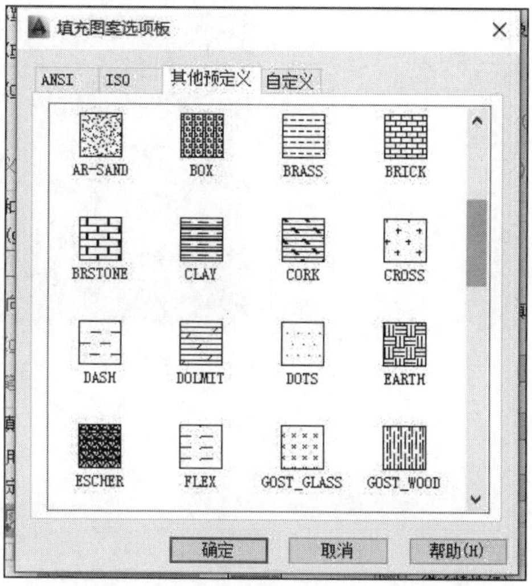

图 0-21

④ 调整图案的角度及比例（图0-22）。

⑤ 选择铺装范围（图0-23）。

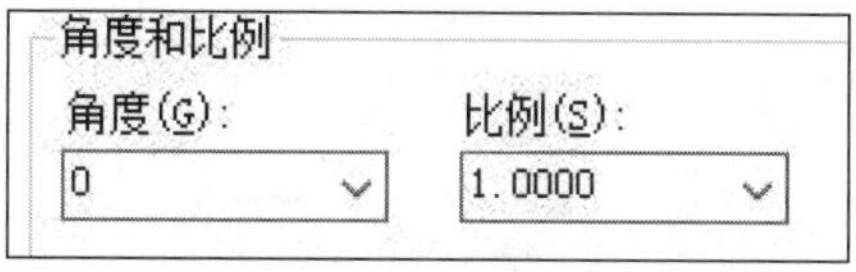

图 0-22

图 0-23

⑥ 单击“确定”→完成填充。

（5）绘制插座布置图（图0-24、图0-25）

在“布局”界面复制平面布置图及其图框→双击内框→新建插座图层→确定插座点位→绘制插座图例列表→在其他图纸中隐藏插座图层。

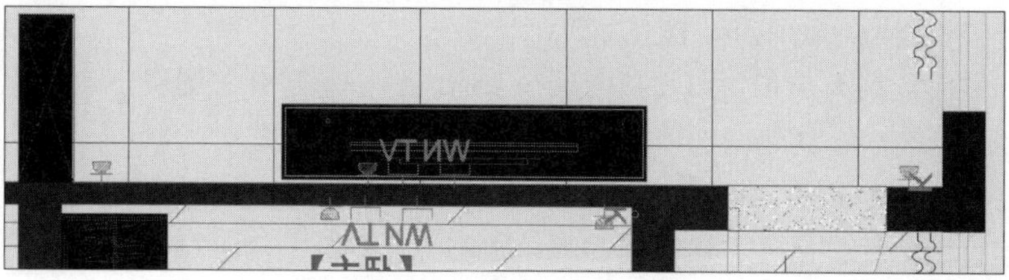

图 0-24

图 0-25

（6）绘制天花布置图

在“布局”界面复制平面布置图及其图框→双击内框→将家具图层、功能分区文字图层、立面索引符号图层隐藏→新建图层→绘制吊顶线、天花装饰线、虚光灯带、灯具、天花标高符号、天花尺寸标注→绘制灯具图例列表。具体如图0-26 ~图0-32所示。

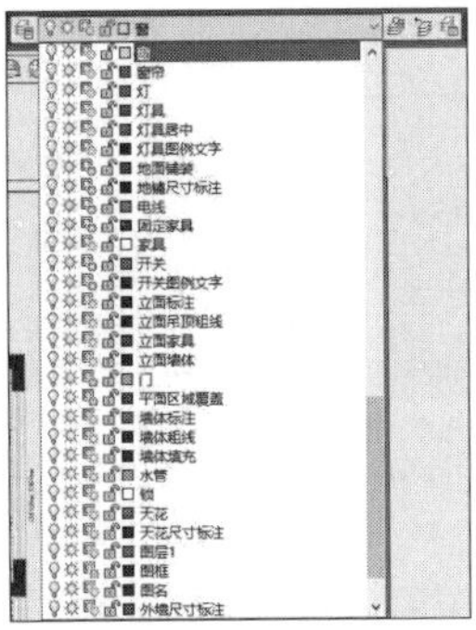

图 0-26

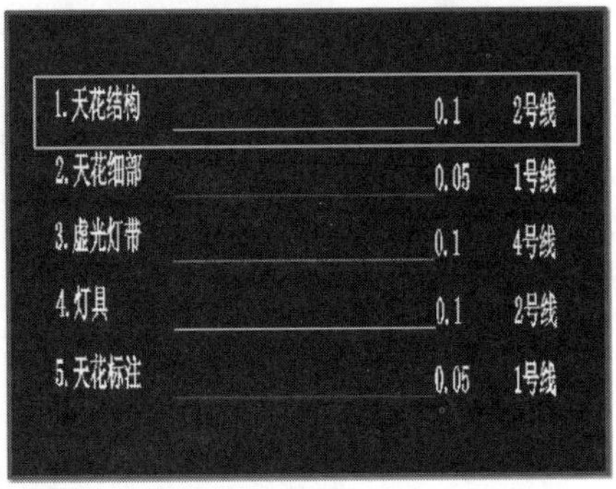

图 0-27

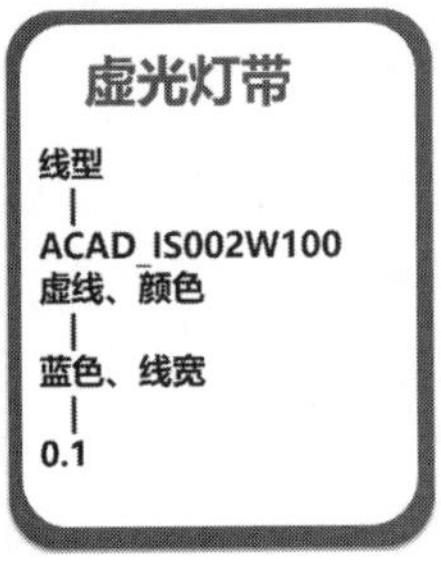

图 0-28

图 0-29

图 0-30

图 0-31

图 0-32

（7）绘制开关布置图（图0-33、图0-34）

在“布局”界面复制天花布置图及其图框→双击内框→新建开关图层→确定开关点位→绘制开关图例列表→在其他图纸中隐藏开关图层。

（8）立面图画法（图0-35、图0-36）

立面图内容包括墙体、吊顶、墙面装饰线、踢脚线、立面家具、材质索引、硬装尺寸标注等。

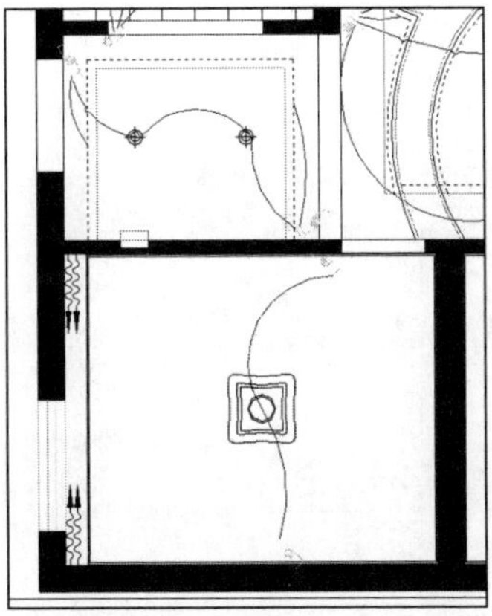

图 0-33

图例	注解
	单联单控开关
	单联三控开关
	单联双控开关
	双联双控开关
	三联双控开关
	四联双控开关

图 0-34

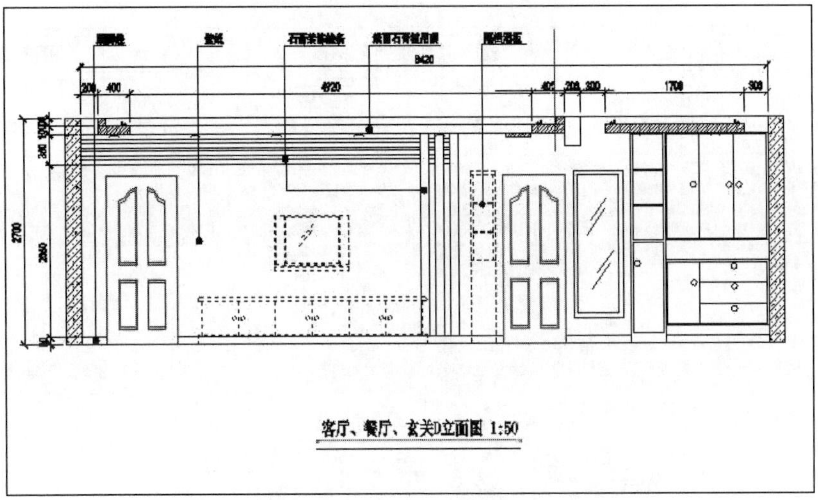

图 0-35

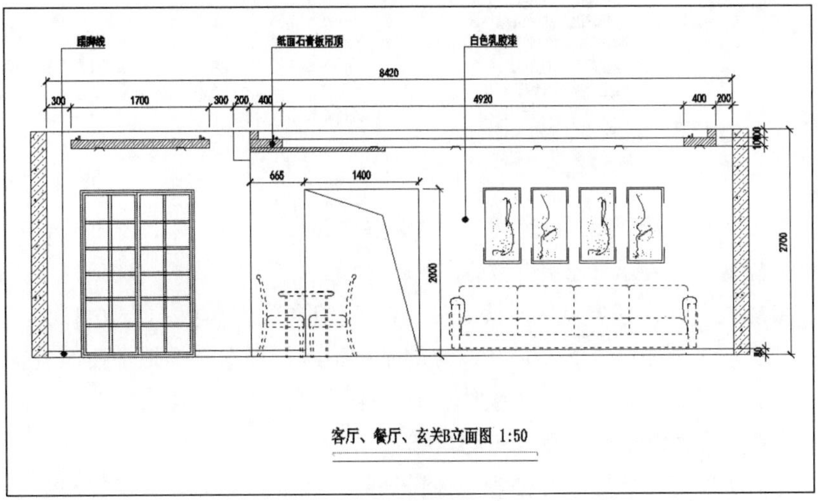

图 0-36

三、施工图表现课程概述

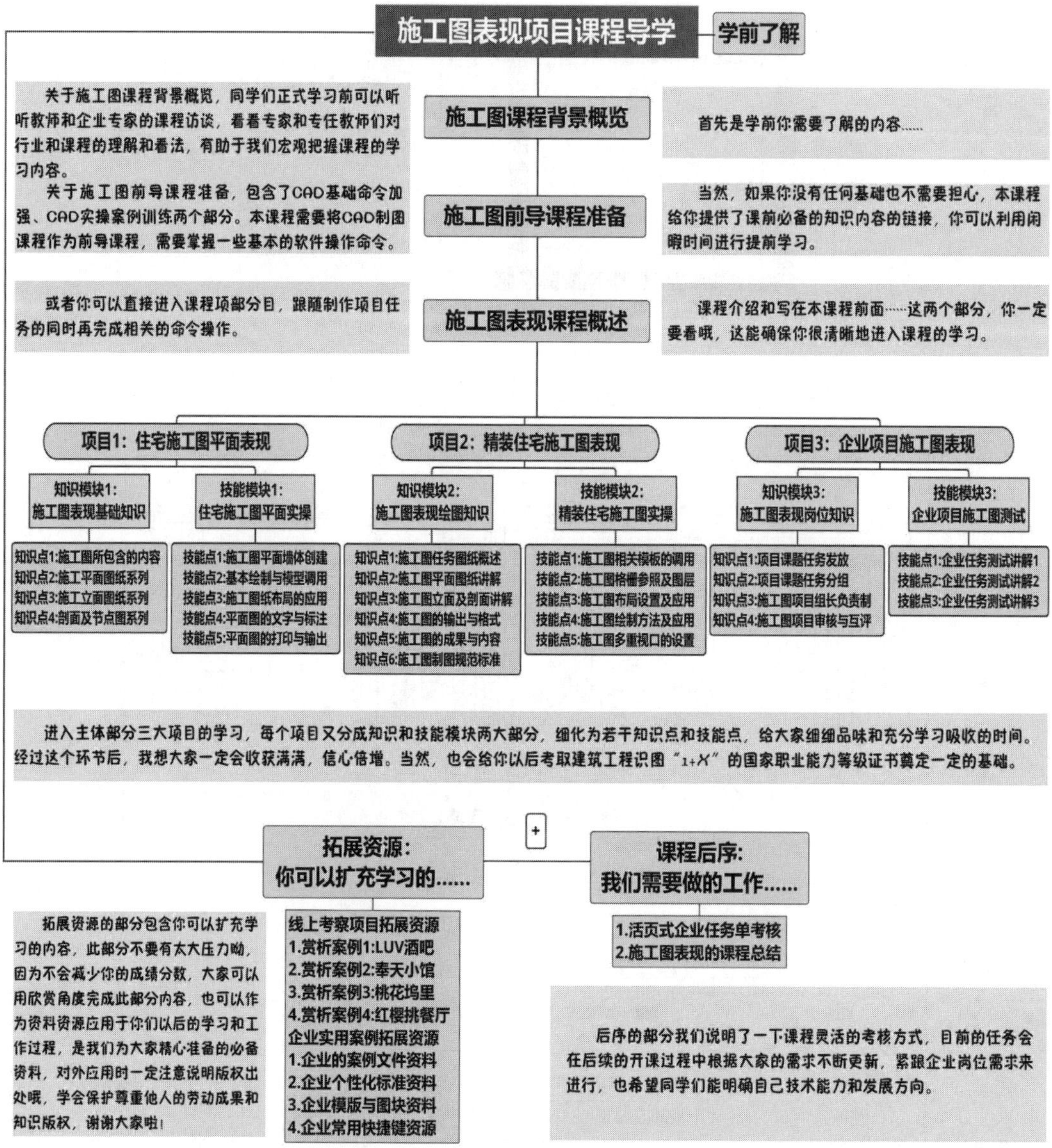

本课程是从属于国家专业目录下建筑室内设计专业类别（代号是440106）下面的核心课程，是岗位要求的必备能力课程。本课程以3个施工图表现项目为主线，以完成ABC三级能力晋升为任务目标，按照项目任务的形式展开讲解（图0-37）。

基于信息化课程建设的要求与课程的基础情况，根据实际拟订授课内容与目标，设定教法。课程以职业发展路径为主线，以各个层次的就业岗位为导向，按施工图阶段能力等级晋升进行教学组织与设计（图0-38）。

同时运用现代信息技术的便利，建设课程，改变学习方式。通过网络手段与利用碎片化的时间、便捷的工具与资源下载，从“大块的时间专注”转化成“碎片化时间的浏览”，进而从被动的学习转化成符合人的行为习惯的主动学习，使得学习者接受知识的方式更自然，更加潜移默化（图0-39）。

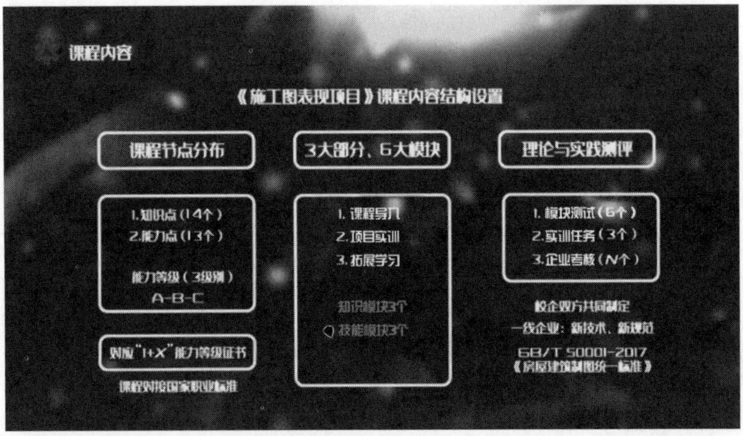

图0-37

图0-38

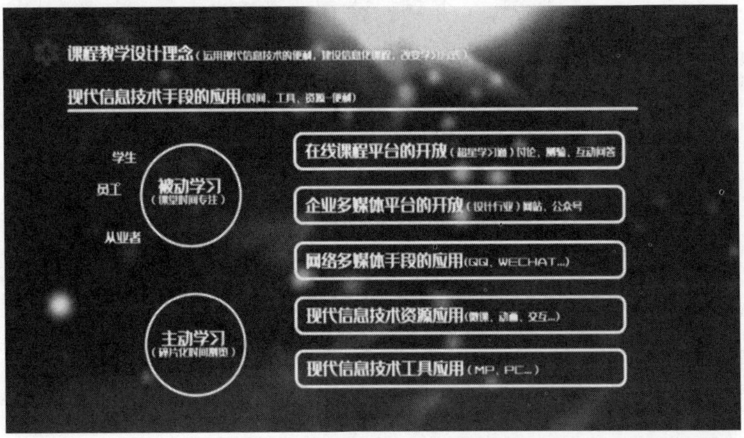

图0-39

项目一：
住宅施工图平面表现

知识模块：施工图表现基础知识

学习目标

1. 牢记施工图包含的具体内容（18项）及主要常用施工图（3个系列7个主要应用的图纸类型）的名称，学会识别表示不同功能空间的图纸。

2. 牢记平面图系列包含的主要内容（4项）：平面布置图、地面铺装图、天花平面图及立面索引图。掌握这4个类型平面图纸各自的概念、内容、基本画法及标注等，并能够识别其他类型的平面系列图纸。

3. 牢记立面图系列的概念及作用、内容、基本画法、标注及常用比例，能够学会识别并在施工图项目中综合应用。

4. 牢记剖面及节点大样面图的概念及作用、内容、基本画法、标注及常用比例，能够学会识别并在施工图项目中综合应用。

5. 学会应用识图，能够判断图纸归属的具体类型及具体名称。

知识结构

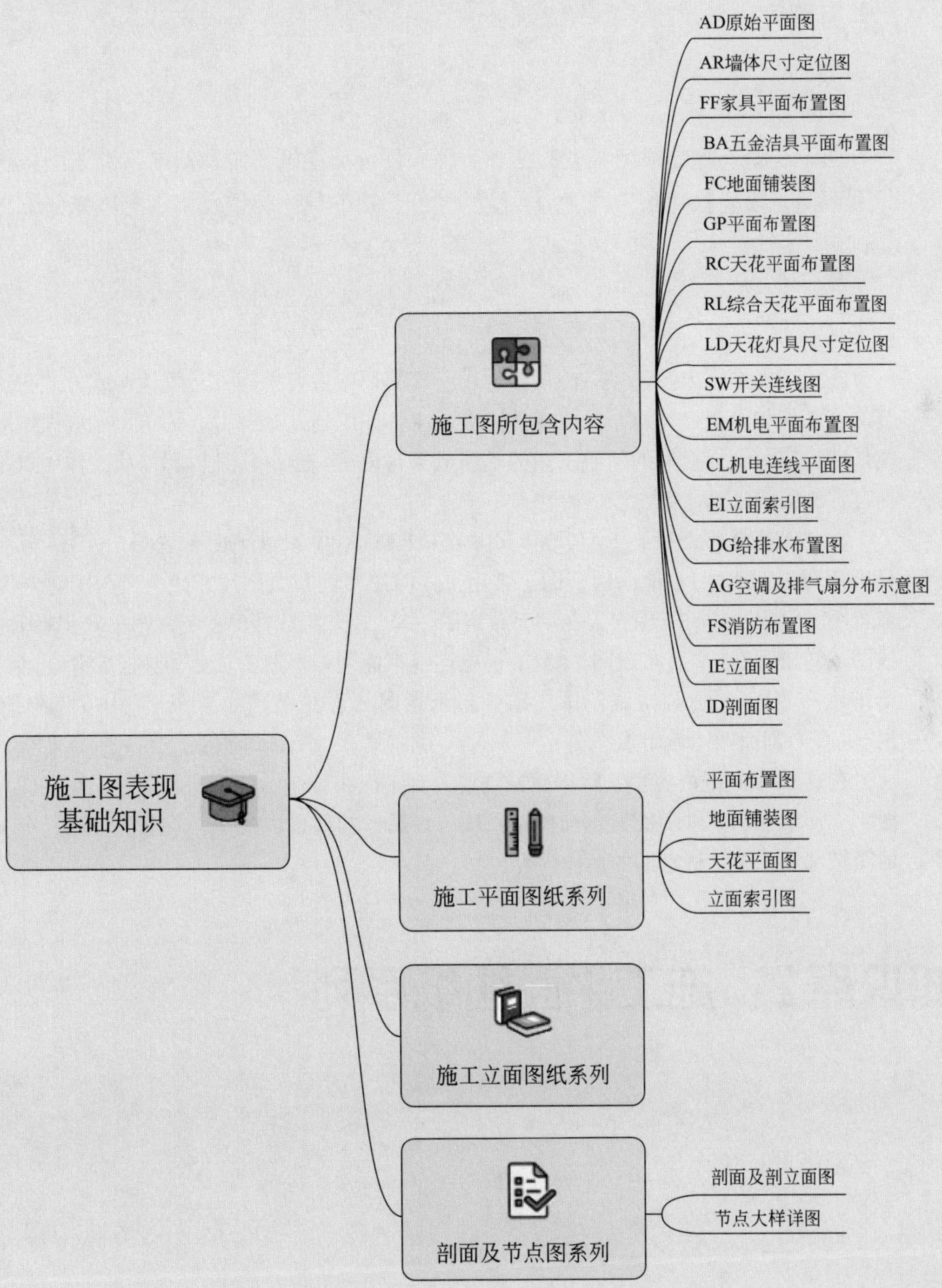
施工图表现
基础知识
施工图所包含内容
AD原始平面图
AR墙体尺寸定位图
FF家具平面布置图
BA五金洁具平面布置图
FC地面铺装图
GP平面布置图
RC天花平面布置图
RL综合天花平面布置图
LD天花灯具尺寸定位图
SW开关连线图
EM机电平面布置图
CL机电连线平面图
EI立面索引图
DG给排水布置图
AG空调及排气扇分布示意图
FS消防布置图
IE立面图
ID剖面图
施工平面图纸系列
平面布置图
地面铺装图
天花平面图
立面索引图
施工立面图纸系列
剖面及节点图系列
剖面及剖立面图
节点大样详图

知识点1：施工图所包含内容

学习指导

通过观看一定数量与类型的企业实际项目任务图纸资源及素材文件，积累图纸阅读量，以能够判断各种复杂类型的图纸归属的具体类型及识别出具体名称为测试合格标准。

施工图根据室内设计项目的规模大小、繁简程度各有不同，一般从构成方式来说成套的施工图包含封面、目录、说明、图表及主体图纸这几个部分。关于“构成图纸完整文件的内容”会在后面的“施工图的输出成果与内容”部分详细讲解，从主体图纸部分而言，施工图纸具体包含以下内容。

① AD原始平面图；② AR墙体尺寸定位图；③ FF家具平面布置图；④ BA五金洁具平面布置图；⑤ FC地面铺装图（常用）；⑥ GP平面布置图（常用）；⑦ RC天花平面布置图（常用）；⑧ RL综合天花平面布置图；⑨ LD天花灯具尺寸定位图；⑩ SW开关连线图；⑪ EM机电平面布置图；⑫ CL机电连线平面图；⑬ EI立面索引图（常用）；⑭ DG给排水布置图；⑮ AG空调及排气扇分布示意图；⑯ FS消防布置图；⑰ IE立面图（常用）；⑱ ID剖面图（常用）。

在这18项图纸内容里，常用而且重要的有平面布置图、地面铺装图、天花平面布置图、立面索引图、立面图及剖面图这六项，在后续的课程讲解中，着重学习这几个主要的图纸部分，并了解它们的具体内容。

知识点2：施工平面图纸系列

学习指导

通过观看一定数量与类型的企业实际项目任务图纸资源及素材文件，积累图纸阅读量，以能够判断各类型的平面图纸归属的类型及识别出具体名称为测试合格标准，以平面系列图纸在施工图项目中的具体实操应用为最终目标开展学习。

一般在室内空间施工图项目中，多数装饰企业需要绘制的主要平面图包含平面布置图、地面铺装图、天花平面布置图、立面索引图这4项内容。在此之前，先了解一下平面图纸是怎样定义的。

平面图就是假想用一个水平剖切平面沿门窗洞的位置将房屋剖开，剖切面从上向下做投射，在水平投影面上所得到的图样即为平面图。

剖切面从下向上做投射，在水平投影面上所得到的图样即为天花平面图。

接下来具体讲解这4个平面图的类型。

1. 平面布置图

（1）平面布置图的主要内容

平面布置图主要表示建筑的墙、柱、门、窗洞口的位置和门的开启方式；隔断、屏风、帷幕等空间分隔物的位置和尺寸；台阶、坡道、楼梯、电梯的形式及地坪标高的变化；洁具和其他固定设施的位置和形式；家具、陈设的形式和位置等。

（2）平面布置图的画法

一般而言，凡是剖到的墙、柱的断面轮廓线用粗实线表示；家具、陈设、固定设备的轮廓线用中实线表示；其余投影线以细实线表示（图1-1、图1-2）。

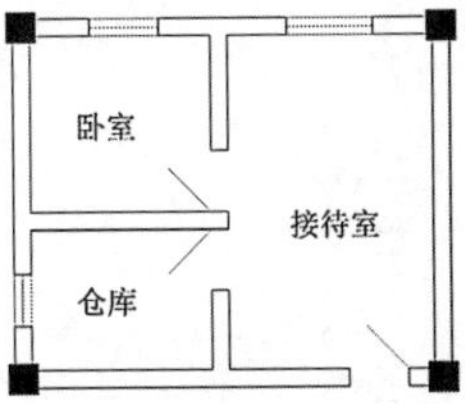

图 1-1

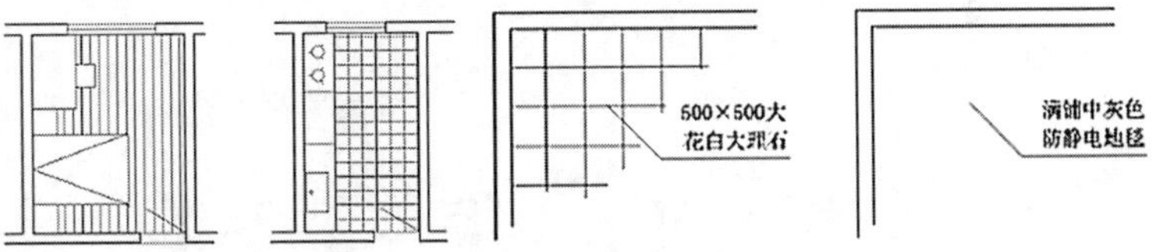

图 1-2

（3）平面布置图的标注

在平面图中应注写各个房间的名称；房间开间、进深以及主要空间分隔物和固定设备的尺寸；不同地坪的标高；立面指向符号；详图索引符号；图名和比例等（图1-3）。

2. 地面铺装图

主要是指地面铺装材料平面图，需要确定地面不同装饰材料的铺装形式与界限，确定铺装材料的开线点即铺装材质起始点，异形铺装材料的平面定位及编号，可表示地面材质的高差。它的画法与标注方式（图1-4）同平面布置图，这里不再赘述。

3. 天花平面布置图

天花平面布置图，又称顶棚平面图。它的形成方法与平面布置图基本相同，不同之

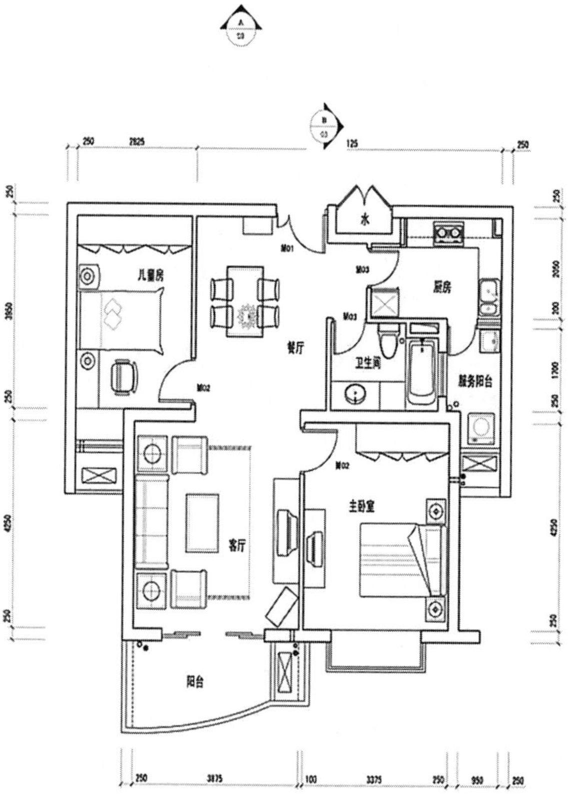

平面布置图 1：50

图 1-3

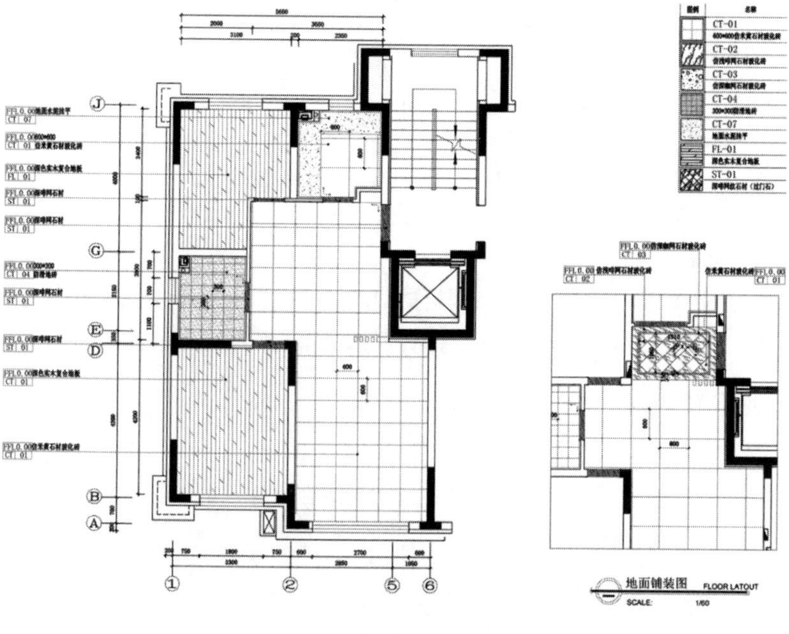

图 1-4

处是投射方向恰好相反。

用假想的水平剖切面从窗台上方把房屋剖开，移去下面的部分，向顶棚方向投射，即得到顶棚平面图（图1-5）。

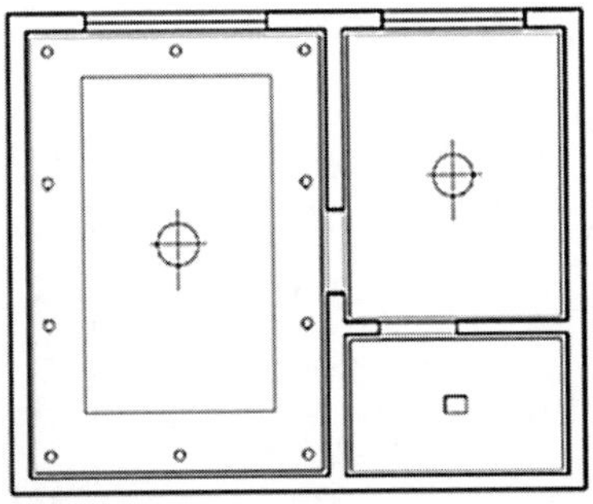

图 1-5

主要从以下三个方面进行学习。

（1）顶棚平面图的主要内容

顶棚平面图主要表示墙、柱、门、窗洞口的位置；顶棚的造型，包括浮雕、线角等；顶棚上的灯具、通风口、扬声器、烟感、喷淋等设备的位置。

（2）顶棚平面图的画法

凡是剖到的墙、柱的断面轮廓线用粗实线绘制；门、窗洞口的位置用虚线绘制；天花造型、灯具设备等用中实线绘制；其余用细实线绘制（图1-6）。

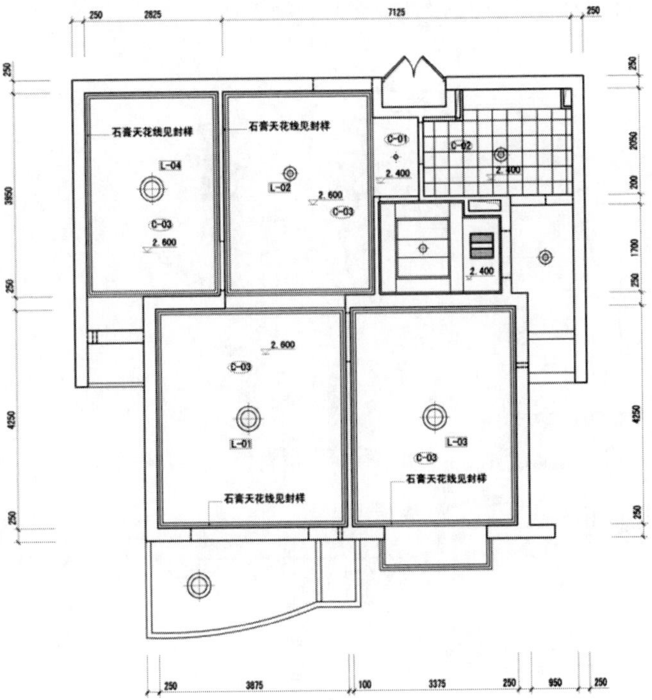

天花平面图　1 ：50

图 1-6

（3）顶棚平面图的标注

标注内容包含天花底面和分层吊顶的标高；分层吊顶的尺寸、材料；灯具、风口等设备的名称、规格和能够明确其位置的尺寸；详图索引符号；图名和比例等。

为了使表达清楚，避免产生歧义，一般把顶棚平面图中使用过的图例列表加以说明（图1-7）。

天花图例说明	
C-01	轻钢龙骨石膏板吊顶天花
C-02	暗架龙骨白色方块铝板吊顶天花300mm×300mm
C-03	建筑天花油白
	吸顶灯/吊灯
	石英射灯
	4”防雾筒灯
	暖风/排风风扇

图 1-7

4. 立面索引图

立面索引平面，用于表示立面及剖立面的指引方向（图1-8）。从平面图中通过索引符号就可以有目标且快速地找到对应立面的施工图。

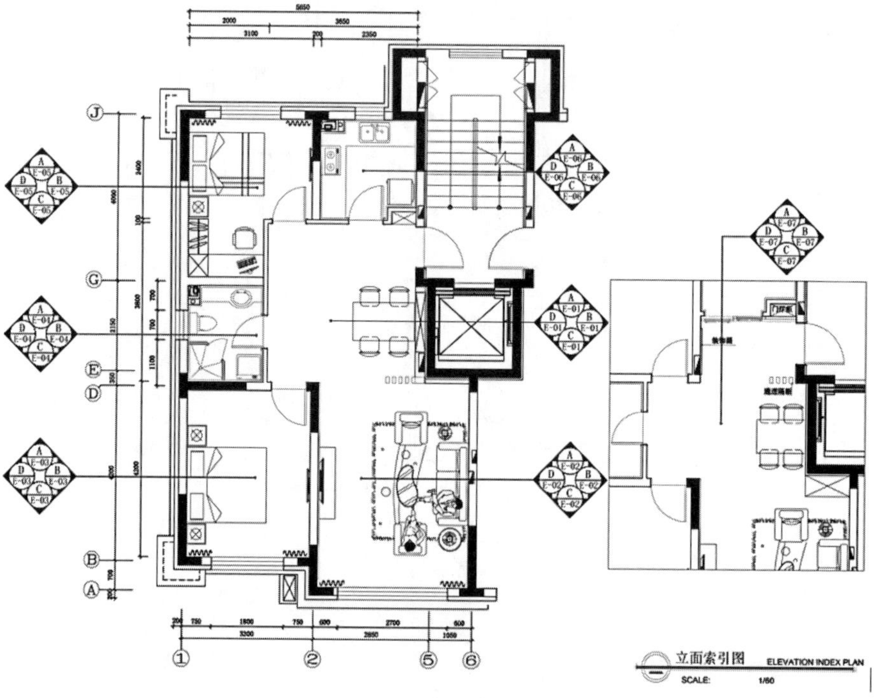

图 1-8

立面索引图的画法与标注方式同顶棚平面图，这里不再赘述，详细的应用操作会在后续内容中具体演示。

知识点3：施工立面图纸系列

学习指导

通过观看一定数量与类型的企业实际项目任务图纸资源及素材文件，积累图纸阅读量，能够判断立面图纸并识别出具体名称，掌握命名方式，并以立面图纸在施工图项目中的具体实操应用为最终目标开展学习。

室内空间立面图应根据其空间名称、所处楼层等并结合实际情况具体确定其名称。立面图用符号IE表示。

将室内空间立面向与之平行的投影面上投影，所得到的正投影图称为室内立面图，主要表达室内空间的内部形状，空间的高度，门窗的形状、高度，墙面的装修做法及所用材料等。它的作用是可以用于墙面造型解析、分割布置。常规情况下只要有造型的墙面都需要有立面图。

1. 立面图的主要内容

包括墙面、柱面的装修做法，以及材料、造型、尺寸等；门、窗及窗帘的形式和尺寸；隔断、屏风等的外观和尺寸；墙面、柱面上的灯具、挂件、壁画等装饰；山石、水体、绿化的做法形式等（图1-9）。

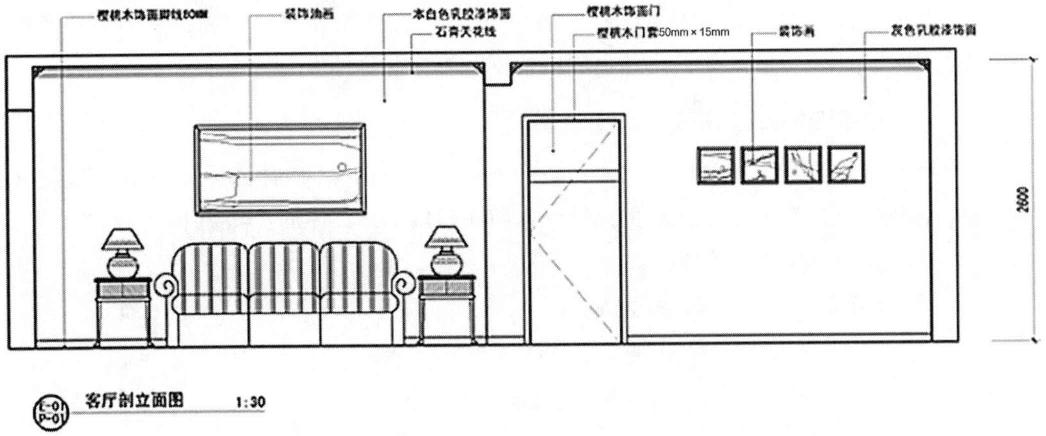

图 1-9

2. 立面图的画法

立面图的最外轮廓线用粗实线绘制，地坪线可用加粗线，指的是用粗于标注粗度1.4倍的线来绘制；装修构造的轮廓和陈设的外轮廓线用中实线绘制；材料和质地的表现宜用细实线绘制。在绘制的时候一定要按规范合理区分。

3. 立面图的标注

需要标注纵向尺寸、横向尺寸和标高；材料的名称；详图索引符号；图名和比例；等等（图1-10）。

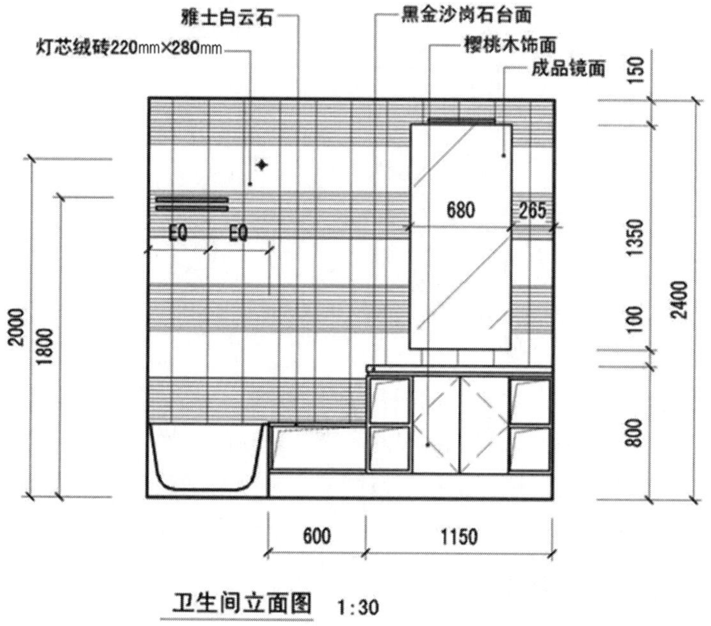

图 1-10

4. 立面图的比例

室内立面图常用的比例是1 ∶ 50和1 ∶ 30，在这个比例范围内，基本可以清晰地表达出室内立面上的形体，当然也可以根据具体情况具体设定。

5. 立面图的画法步骤

了解立面图的基本画法，可以给大家建立一个纵向图面的概念，详细的实践操作会在后面的课程内容中学习，这里只做一个前序的指引。具体的步骤如下。

① 选定图幅，确定比例。

② 画出立面轮廓线及主要分隔线。

③ 画出门窗、家具及立面造型的投影。

④ 完成各细部作图。

⑤ 按标准规范调整线型与线宽。

⑥ 注明有关尺寸与文字说明。

知识点4：剖面及节点图系列

学习指导

能够区分剖面图与剖立面图的名称说法及表达的细微差别。通过观看一定数量与类型的企业实际项目任务图纸资源及素材文件，积累图纸阅读量，能够判断剖面与节点大样图纸并识别出具体名称，掌握命名方式，并以剖面及节点大样图纸在施工图项目中的具体实操应用为最终目标开展学习。

剖面图用符号ID表示。它是用来表达装饰装修细节尺寸，天花、墙面、地面之间及物体与物体之间的衔接关系的图纸。

下面从细分的剖立面图及节点大样图两个类型来具体学习。

1. 剖立面图

（1）定义与作用

假想用一个垂直的剖切平面，将室内空间垂直切开，移去一半后将剩余部分向投影面投影，所得的剖切视图称为剖立面图。

剖立面图可将室内吊顶、立面、地面装修材料完成面的外轮廓线明确表示出来，并为节点详图的绘制打基础。

（2）画法

在剖立面图的绘制中，其顶、地、墙外轮廓线为粗实线；立面转折线、门窗洞口为中实线；填充分割线等用细实线；活动家具及陈设用虚线。

（3）标注

关于尺寸与文字标注参照立面图的内容，但需增加相关造型、材质、设备等剖面特有的信息数据内容。文字标注应对照平面索引，注明立面图编号、图名以及图纸所应用的比例。

（4）立面图与剖立面图的比较

立面图和剖立面图的差别在于被剖的侧墙及楼板、顶棚等是否表示出来，表示出来的就是剖立面图，相反，就是立面图如图1-11所示。

2. 节点大样图（大样详图）

相对于平面、立面、剖面图的绘制，节点大样详图的图面比例更大、图示更加清

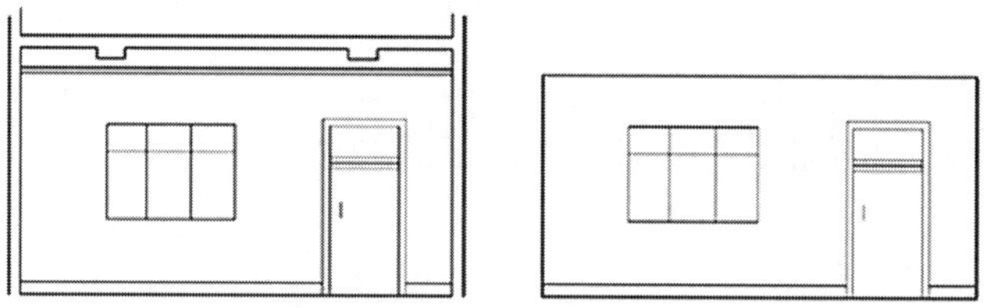

(a) 剖立面图　　　　(b) 立面图

图 1-11

楚、尺寸标注和文字说明也更加详尽。当然也可以把它形象地解释为放大镜下的剖面，这有助于更好地记忆与理解。

（1）详图的主要内容

一般室内工程需要绘制墙、柱面及楼梯详图；特殊的门、窗等建筑构配件详图；洗面池等固定设施设备详图；家具、灯具详图；等等。绘制内容通常包括纵、横剖面图，局部放大图和装饰大样图（图1-12）。

（2）详图的画法

大样详图的装修完成面的轮廓线为粗实线；材料或内部形体的外轮廓线为中实线；材质填充为细实线。

（3）详图的比例

大样详图所采用的比例视图形自身而定，一般采用1 ∶ 1、1 ∶ 2、1 ∶ 5、1 ∶ 10或1 ∶（20 ~ 50）不等。

（4）详图的标注

详图是室内设计中重点部分的放大图和结构做法图，所以需详尽标注加工尺寸、材料名称以及工程做法。

另外，标注时还应注意图号与索引图符号互通并对应，方便绘图时查找。

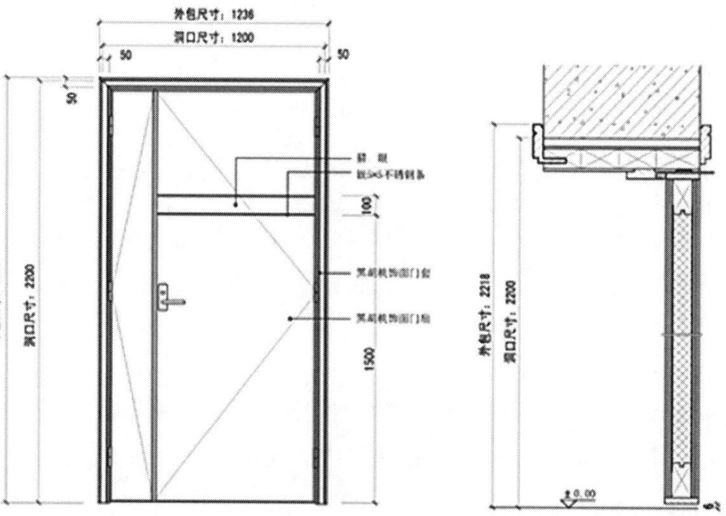

(a) M01分户门立面图　1 ∶ 20　　　　(b) 侧视图

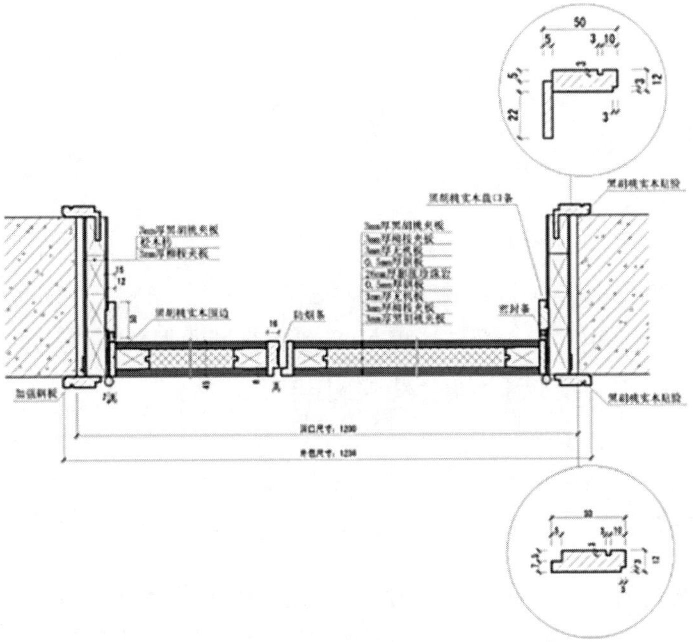

(c) 剖面图

图 1-12

技能模块：住宅施工图平面实操（C级能力）

基本目标

引导学生实操制作1个典型室内平面布置图的案例，使学生了解施工平面图绘制的基本方法，使学生具有生成施工图关键节点的能力。

主要包括以下关键节点：①施工图平面墙体创建；②基本绘制与模型调用；③施工图纸布局的应用；④平面图的文字与标注；⑤平面图的打印与输出。有序地掌握这些串联的能力点，就能够具备绘制施工图的初级能力，也就是本次课程所要求的C级能力。

学习指导

考察并参照装饰企业是怎样规范完成施工平面图制作过程的，有效地总结每个步骤中的命令操作（提示：主次分明的成组记忆，每几个不同命令形成一个命令组，每个命令组对应一个技能点）；熟悉并掌握课程章节中 " 项目一课后任务实操 " 中的给定内容及资源，学会基本操作与应用。

实操技能测验：

根据自己的居住空间测量户型尺寸（或按图1-13指定户型），绘制出原始平面布置图，并根据户型特点和自己家人的实际情况，重新设计并进行平面布置（当然可以保留原来的合理设计部分），最终表达出完整、规范的施工图平面，并储存为DWG格式，最终输出JPG格式文件（A3规格）上交。上交数量：1张（个）。

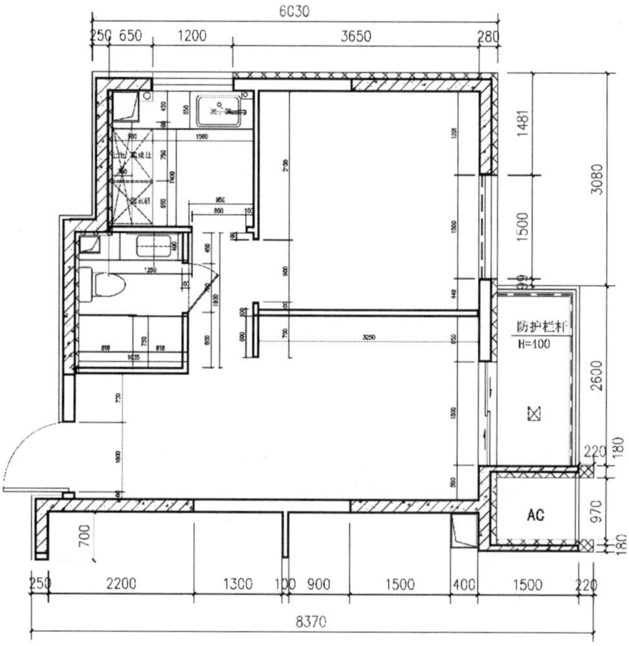

图 1-13

参考答案：

按此户型内容深化设计制作出完整、规范的施工图平面，由于设计内容具有一定的主观性，所以具体分数由教师组按本技能模块要求标准评判给定。

通过其他的命令或命令组合，是否能够顺利完成施工图平面的制作？以完成本课程C级能力等级技能模块为主导思想，思考是否能够整理其他方式的技能点组合，来完成同样的任务目标。

技能点1：施工图平面墙体创建

1. 制图模型界面的准备

扫码下载项目一“课后任务实操”文件，打开“任务1”文件夹，应用CAD模板文件（图1-14）。

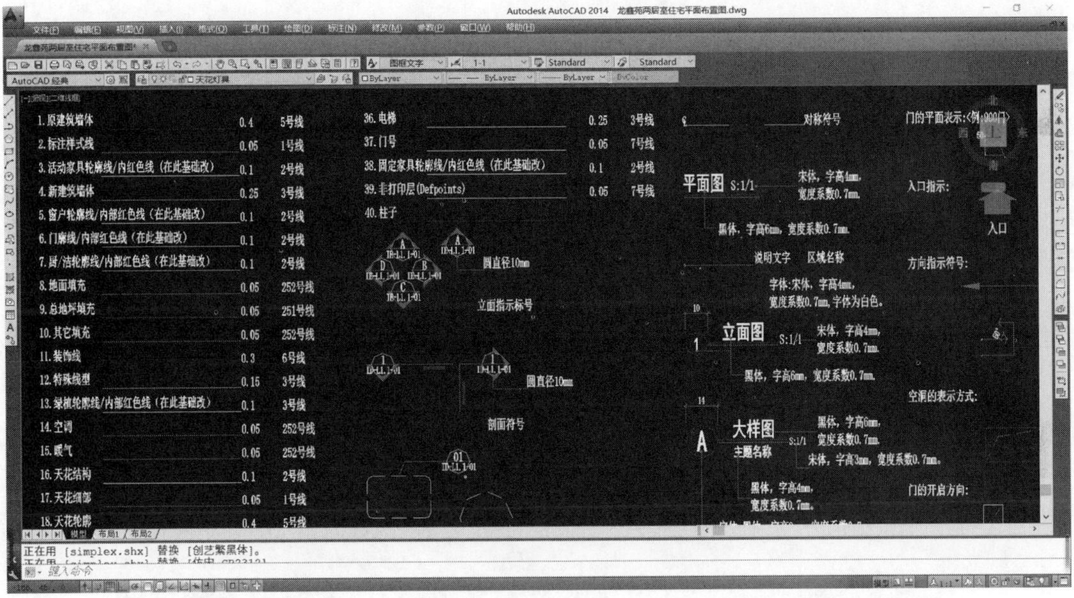

图 1-14

2. 单位尺寸的设置

① 打开菜单栏→“格式”→“单位”选项。

② 按快捷键“UN”，设置或更改单位为“毫米”或“mm”（图1-15）。

3. 基本墙体及门窗洞口的创建

① 确定尺寸，绘制墙体：直线快捷键“L”

② 偏移直线绘制模型：工具栏/快捷键“O”或“OFF”（图1-16）。

③ 剪切命令修整模型：工具栏/快捷键“TR”。

④ 延伸命令修整模型：工具栏/快捷键“EX”（图1-17）。

⑤ 墙体及门窗洞口的部分制作完成（图1-18）。

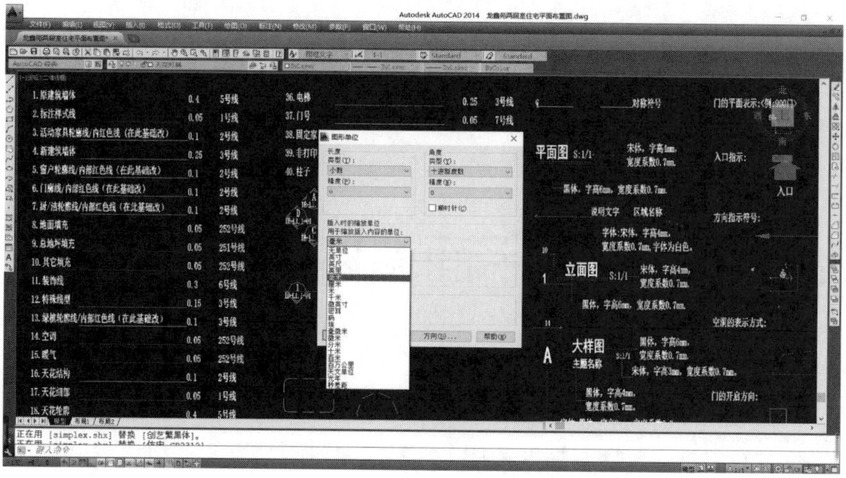

图 1-15

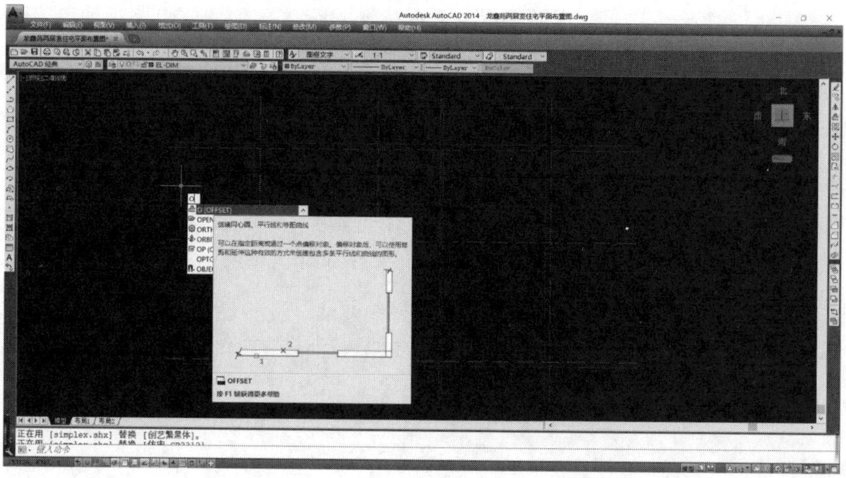

图 1-16

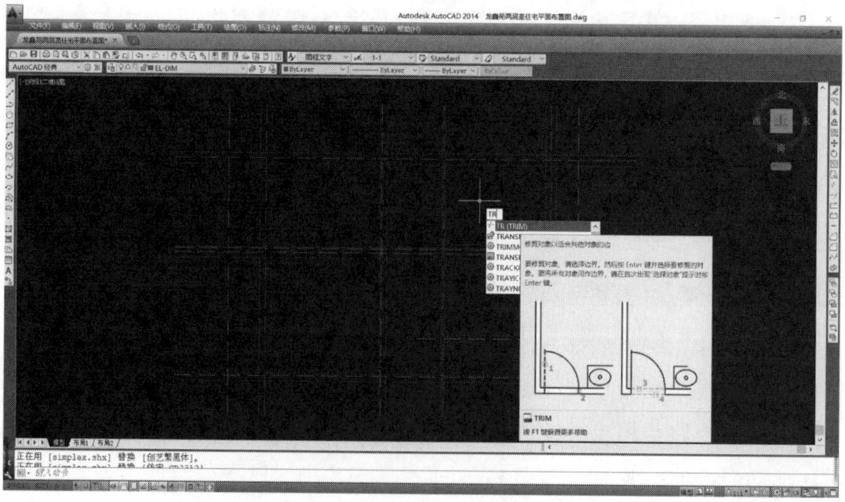

图 1-17

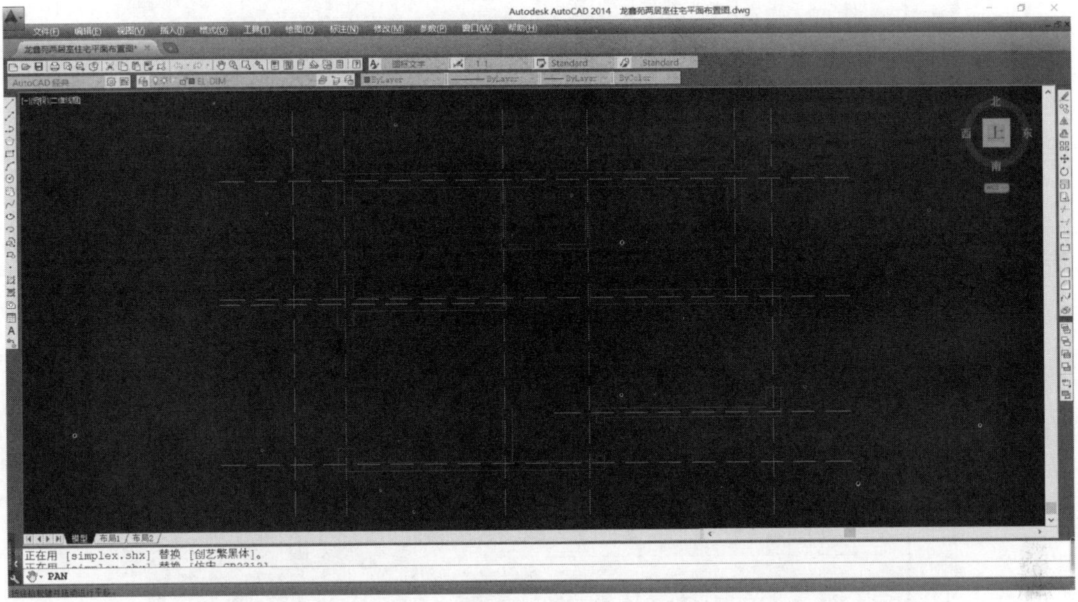

图 1-18

技能点2：基本绘制与模型调用

1. 制图模型界面的准备

（1）模板内统一线型

可以选择在现有的图层创建线型，也可以绘制完成后再用“MA”匹配对应的线型，确保绘制物体在对应的图层内。

（2）窗户的绘制

打开“F3”捕捉，使用绘制直线快捷键“L”和偏移快捷键“O”，在对应的洞口位置绘制出窗户的部分（图1-19）。

（3）地砖的绘制

打开“F3”捕捉，使用绘制直线快捷键“L”和偏移快捷键“O”，以及剪切快捷键“TR”修整模型。注意封闭填充空间，模板内统一线型（图1-20）。

（4）地板的填充

使用快捷键“H”，选择对应的地板图案，调整比例进行填充（图1-21）。

（5）其他部分的绘制

继续绘制附属结构、非调用模块的家具等物品（图1-22）。

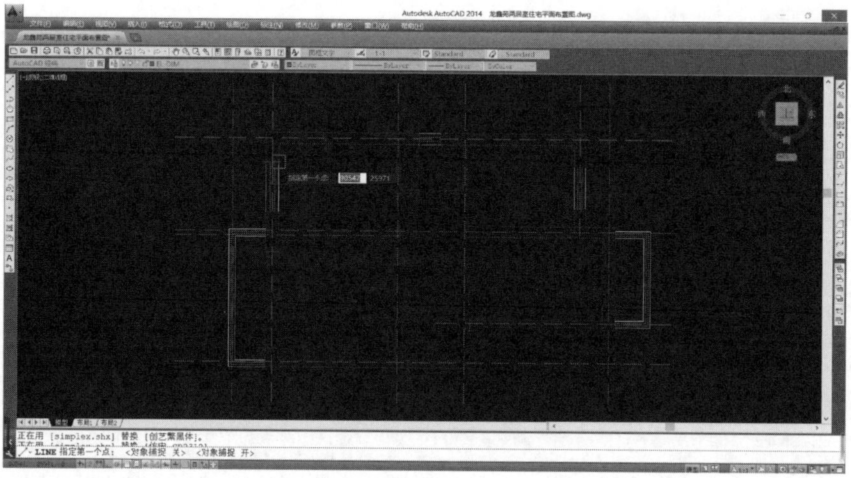

图 1-19

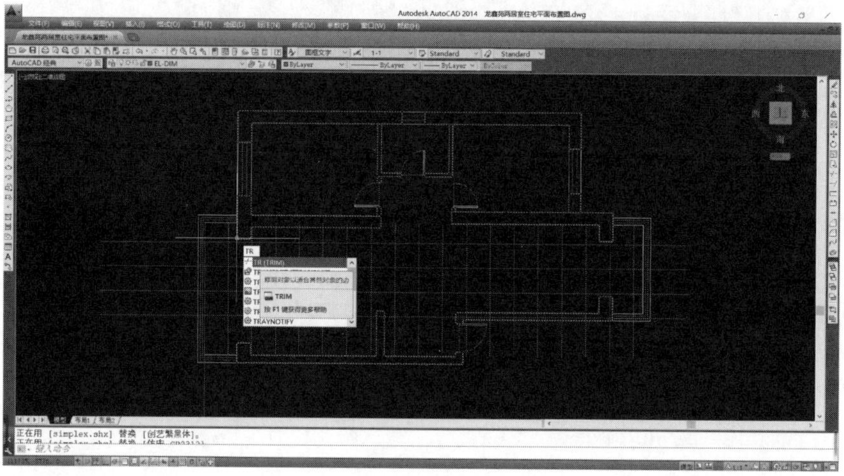

图 1-20

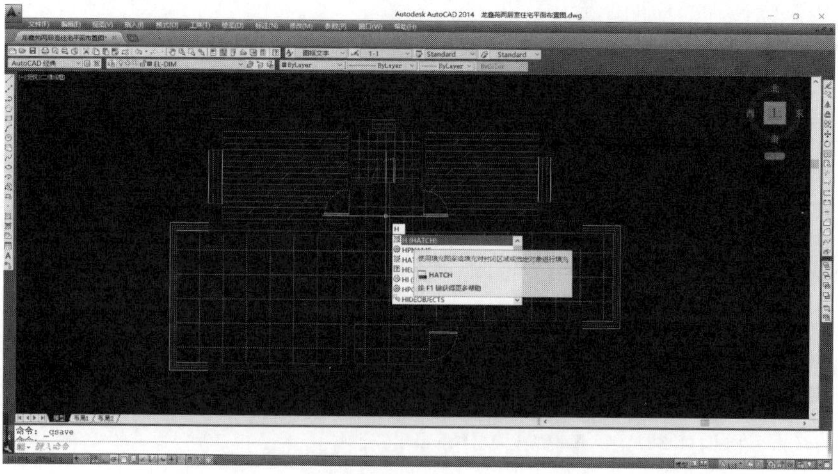

图 1-21

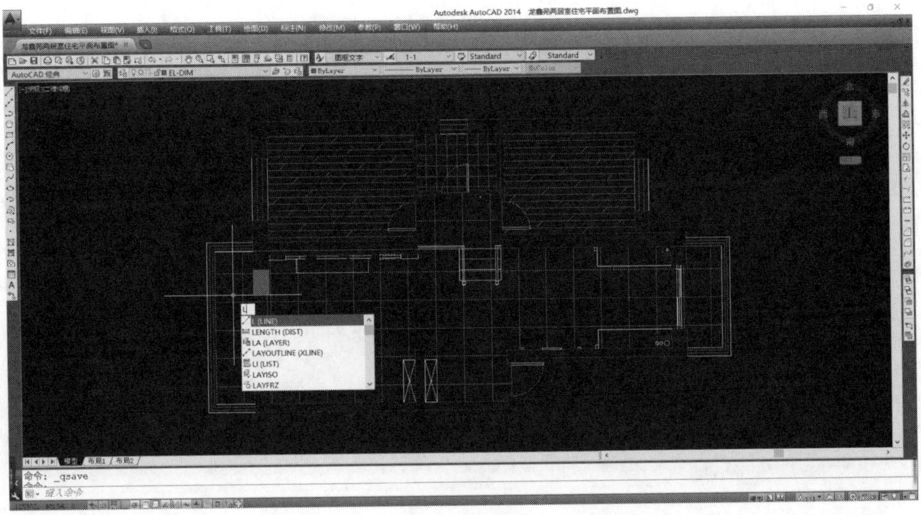

图 1-22

2. 家具、陈设等相关模块的调用

① 打开CAD模型库并选择需要应用的模块，使用“Ctrl+C”复制、“Ctrl+V”粘贴到当前制图窗口（图1-23）。

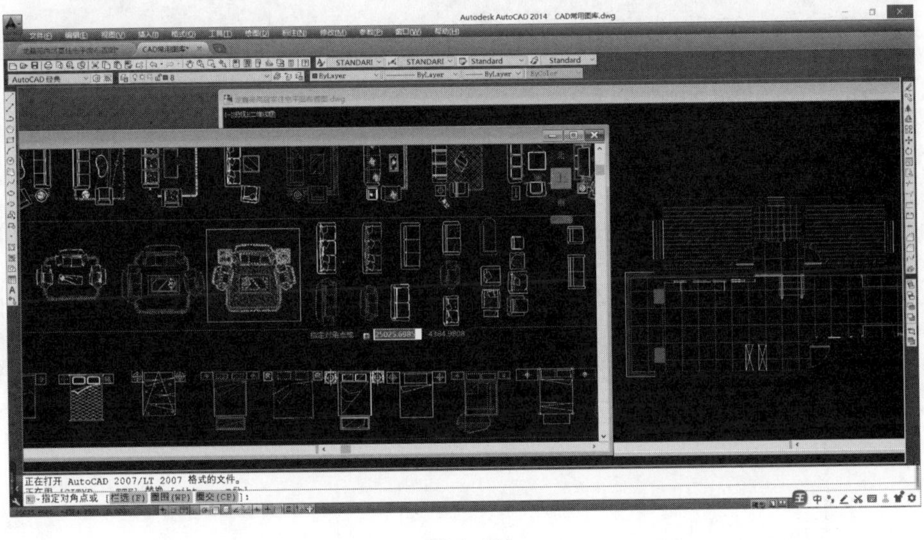

图 1-23

② 需要在模板内统一应用模块的图层和线型，可以应用“MA”快捷键匹配对应的图层和线型（图1-24）。

③ 匹配过程中可以分解（快捷键“X”）或创建（快捷键“B”）新的图块，创建新图块时需按新的名称命名，确保可以再次调入使用。

④ 也可以直接调入模块，使用快捷键“X”分解，调整模块的线型来适应图面的统一性。以此类推，完成所有的模块调入，并整理线型（图1-25）。

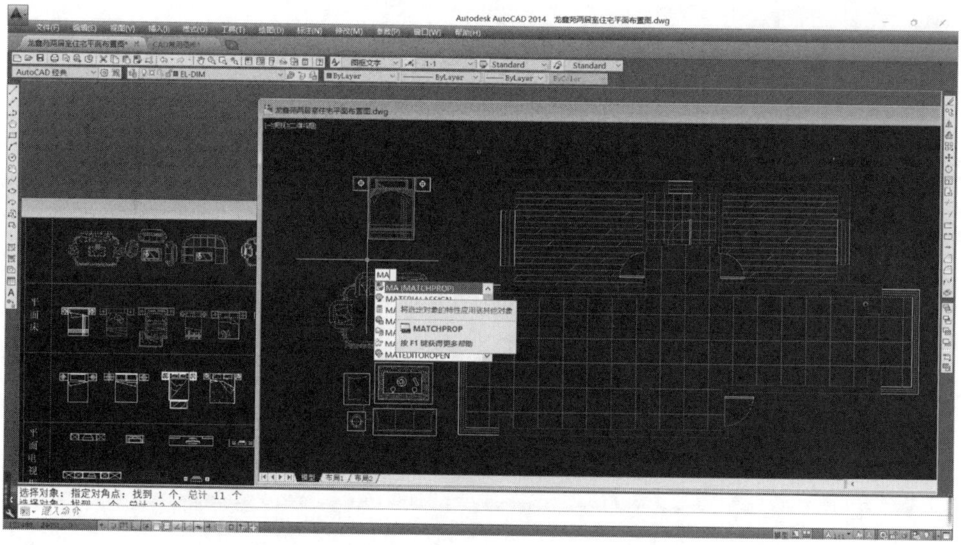

图 1-24

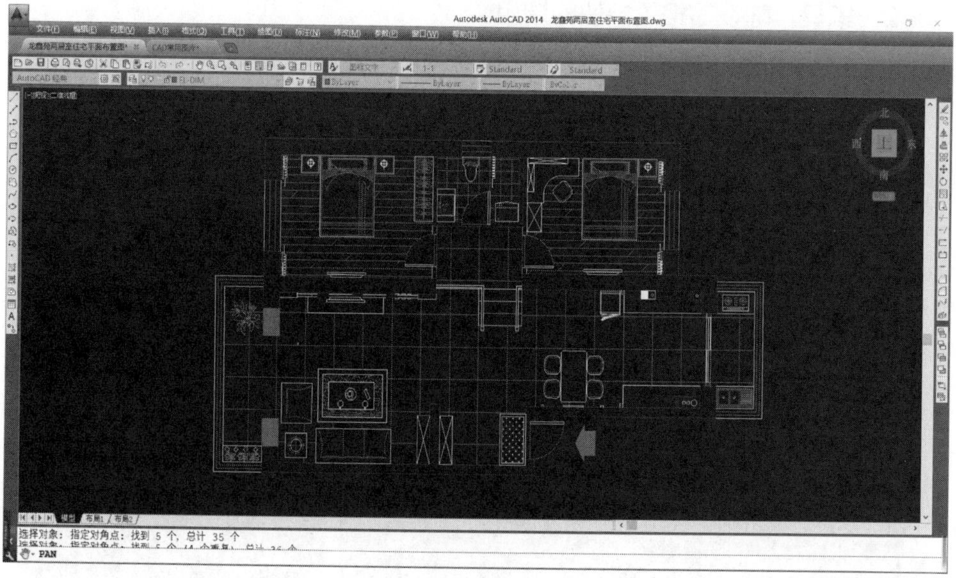

图 1-25

技能点3：施工图纸布局的应用

1. 布局中图框模型的导入

① 新建布局（命名储存）。

② 选择CAD图框模板文件并打开，使用“Ctrl+C”复制、“Ctrl+V”粘贴图框模型，

导入布局。

③ 按“F3”，使用快捷键“MV”捕捉图框左上右下对角线区域，模型自动导入布局图框内，并调整至合适的位置（图1-26）。

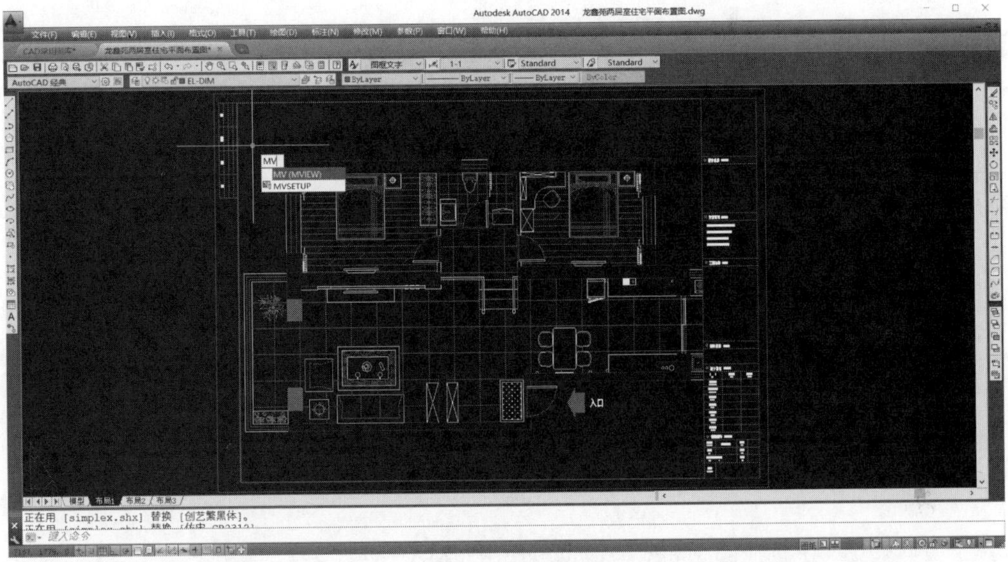

图 1-26

2. 布局比例的设置

（1）设定布局比例

使用组合快捷命令“Z（视窗）→空格→S（比例）→空格”，输入1/*N*，*N*为数字，如1/50（图1-27），然后双击图框外进行锁定设置。

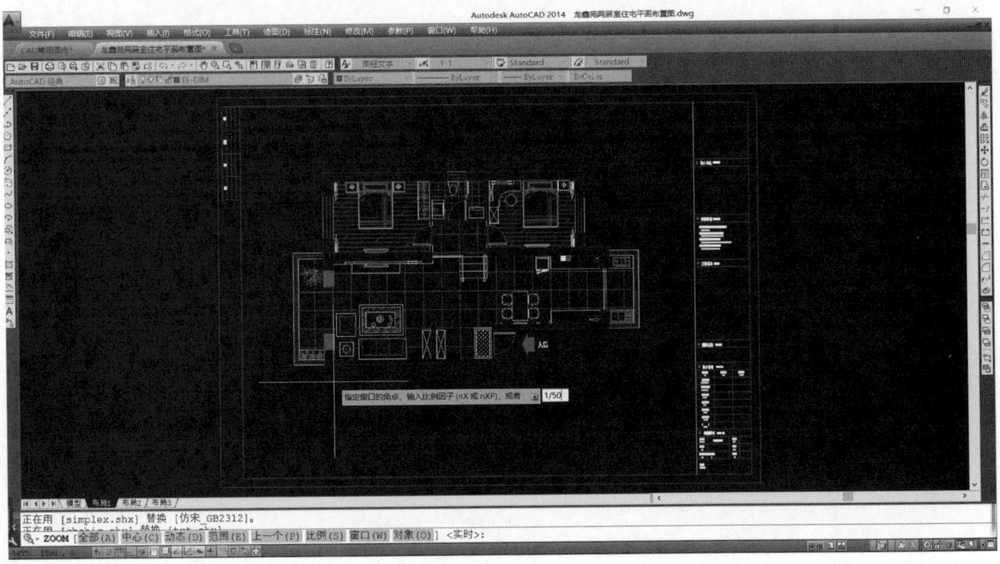

图 1-27

（2）锁定布局图框

按“Ctrl+1”选择内框视口，显示锁定切换成“是”。

技能点4：平面图的文字与标注

1. 尺寸标注

① 双击进入图框，在布局内对模型进行尺寸标注、文字说明、符号索引，设定标注图层和线型。

② 布局内设置标注样式比例1 ： 1。

③ 使用快捷键“D”（标注样式管理器），根据制图规范，先标分段尺寸，再标整体尺寸。

2. 文字说明

① 设定文字标注图层和线型，也可使用“MA”匹配。

② 新建文字图层进行文字标注，按制图规范设定文字规格，区分常规的文字标注和文字引线标注。

3. 符号应用

① 自行绘制符号图块。

② 选择调用图块文件。

③ 复制并粘贴（“Ctrl+C”“Ctrl+V”）到布局中（图1-28）。

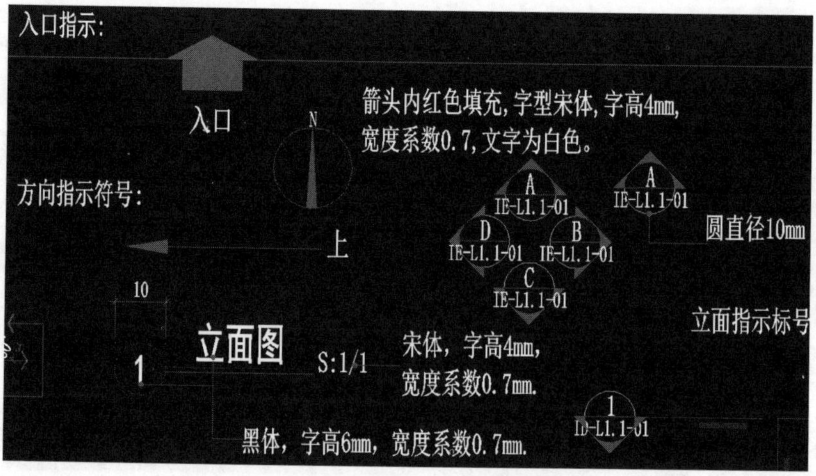

图1-28

④ 最后在布局中调整，完成模型与布局制作的全部内容，如图1-29所示。

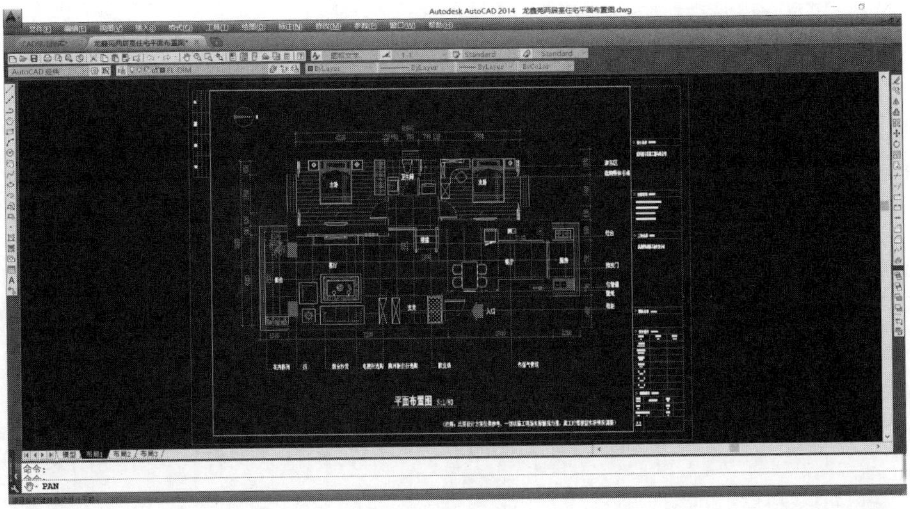

图 1-29

技能点5：平面图的打印与输出

1. 打印布局对话框

① 选择“文件”菜单，下拉选择“打印”选项，开启“打印-布局”对话框（图1-30）。

② 也可使用快捷键“Ctrl+P”，打开“打印-布局”对话框。

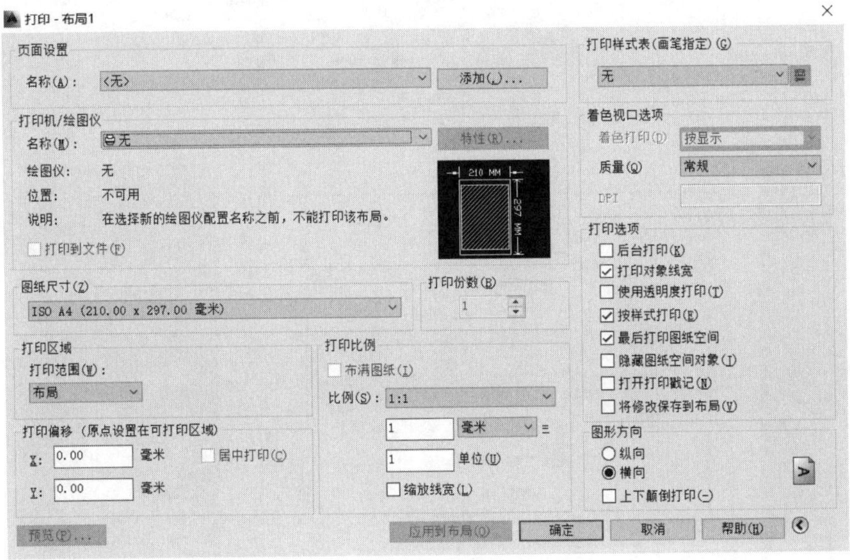

图 1-30

2. 打印出图格式

①“打印名称”选择“DWG To PDF.pc3”。

②“图纸尺寸”选择“A2/A3/A4或其他”。

③“打印范围”选择“窗口”(“F3”对角点捕捉布局外框)。

④“打印偏移”勾选“居中打印”。

⑤“打印比例”勾选“布满图纸”。

⑥“打印样式表”点选“monochrome.ctb”。

⑦“图形方向”根据实际选择“横向”或“纵向”。

⑧“应用到布局”点选后可储存，下次直接调用即可。

⑨“预览”点选后可观看最终出图样式和效果。

⑩“预览”界面单击右键点选“打印”后导出PDF格式文件(最终输出文件)。如图1-31、图1-32所示。

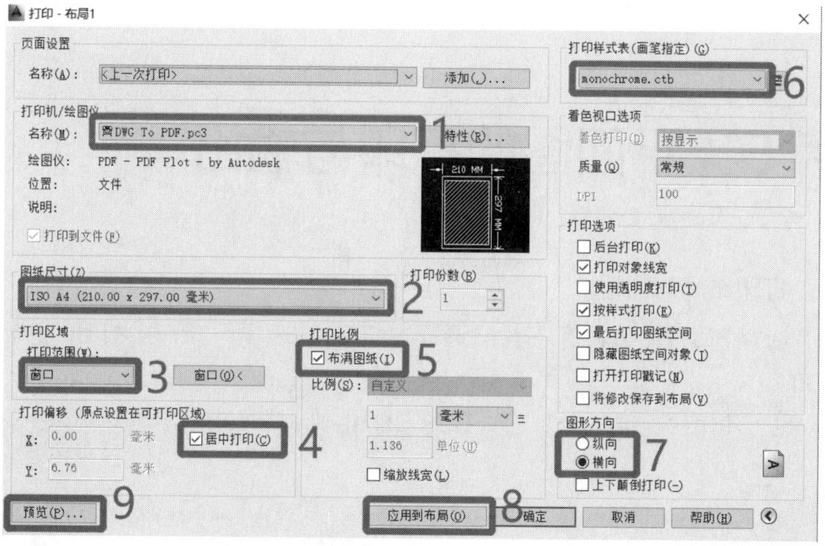

图 1-31

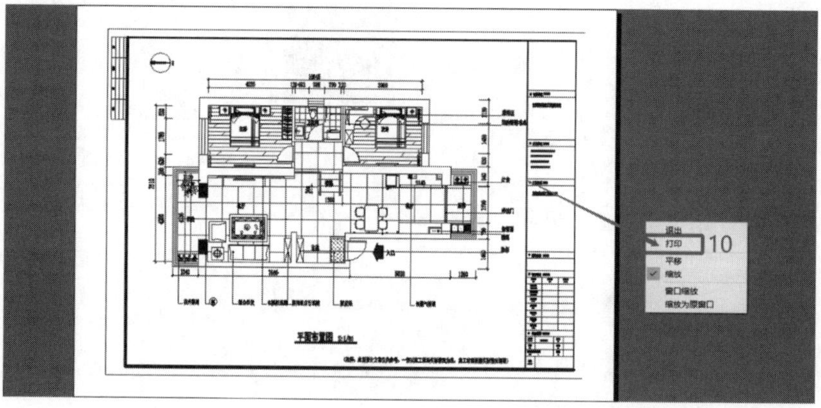

图 1-32

3. 转换出图格式

① 导入PDF文件到Photoshop软件中。

② 在Photoshop软件中复制图层（图1-33）。

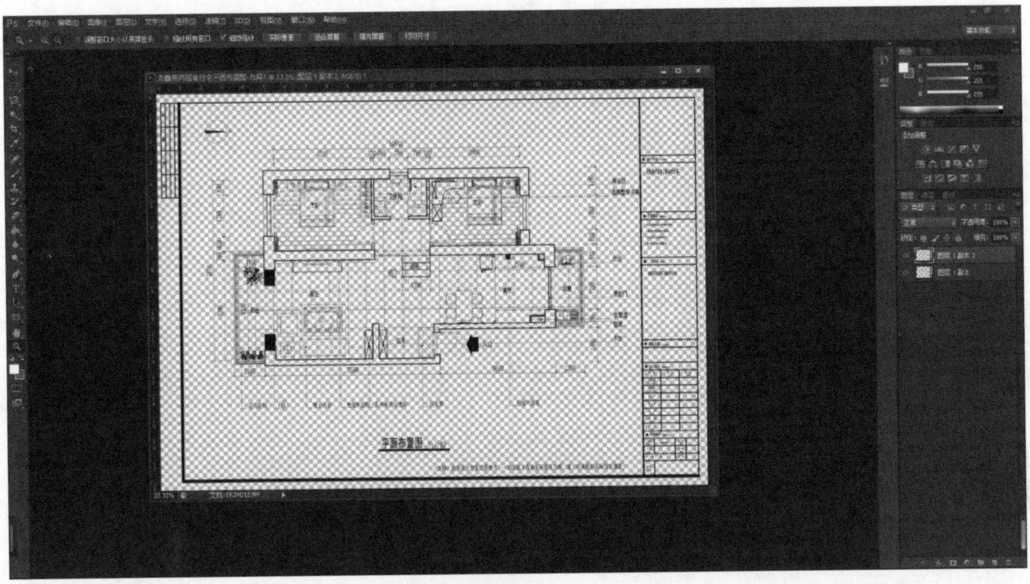

图 1-33

③ 使用快捷键“Alt+DEL”填充前景色（一般选白色）覆盖原图层。

④ 使用快捷键“Ctrl+Shift+E”合并所有图层（图1-34）。

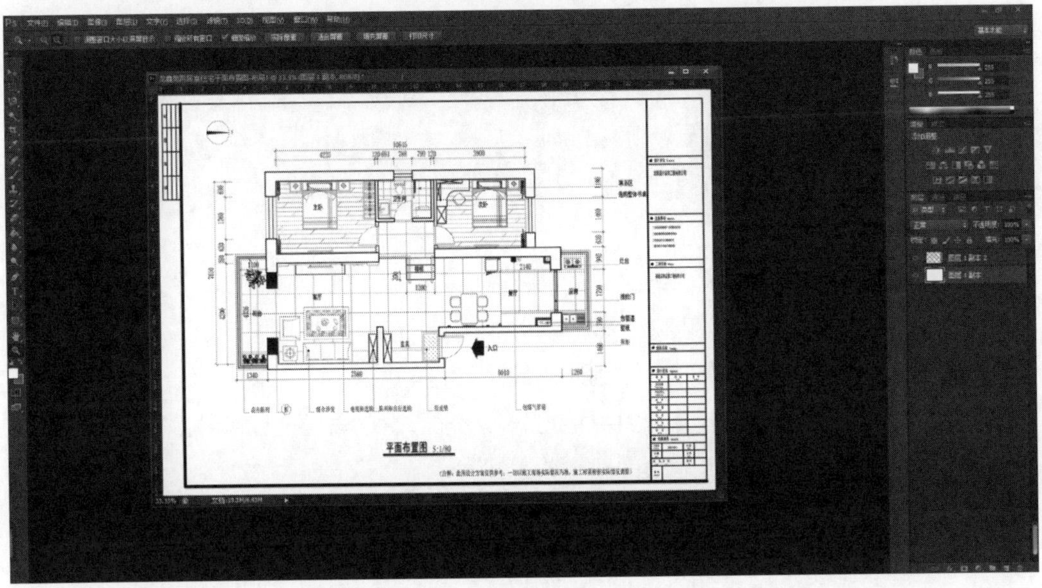

图 1-34

⑤ 另存储文件为JPG格式图片，最终效果如图1-35所示。

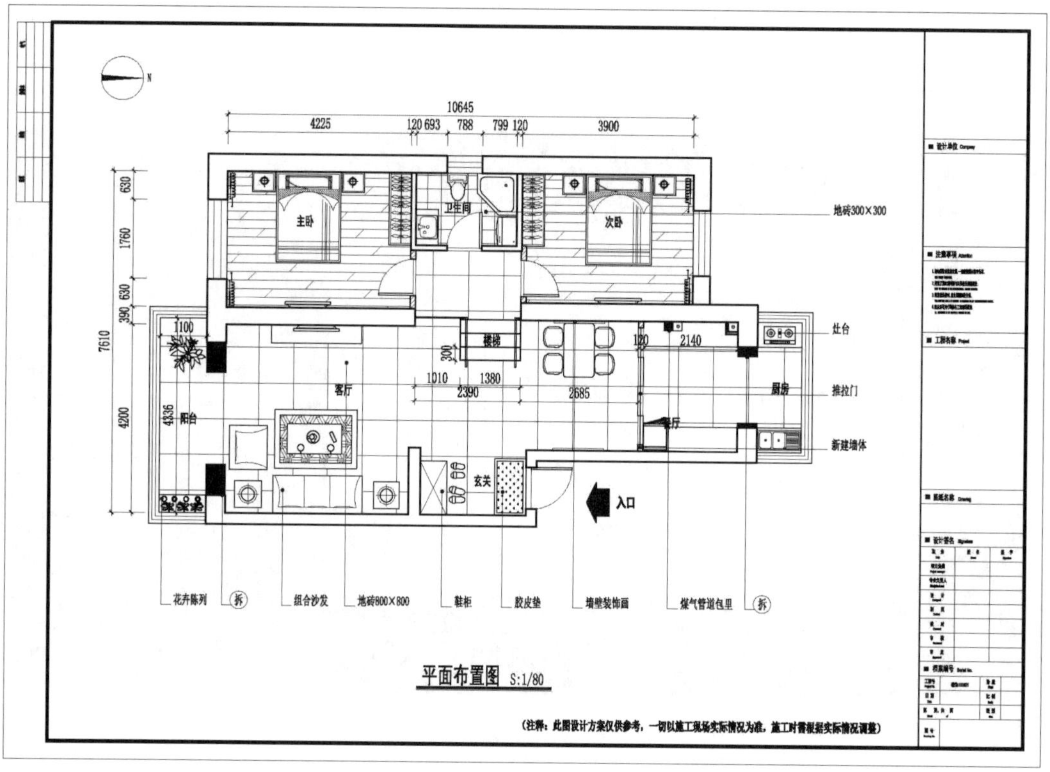

图 1-35

课后任务实操

按给定的住宅案例户型绘制完成施工平面图纸（JPG格式，A3大小），保存为2007版本以下DWG文件格式。

要求：1. 熟悉命令操作，达到熟练应用软件的目的；

2. 掌握并牢记施工平面图的表达内容，默写出各个步骤的主要命令及应用方法（要求详尽细化）。

参考答案：

主要步骤：①施工图平面墙体创建；②基本绘制与模型调用；③施工图纸布局的应用；④平面图的文字与标注；⑤平面图的打印与输出。

4. 项目一任务实操参考答案

拓展案例

5. 小户型施工平面图

6. 联排排墅施工平面图

项目二：
精装住宅施工图表现

知识模块：施工图表现绘图知识

学习目标

1．通过讲解施工图实操任务包含的整套内容，牢记成套的施工图汇报文件的构成，并了解各个部分图纸的表达内容，掌握包含封面、目录、说明、图表及主体图纸部分的文件内容。

2．通过讲解施工图实操任务平面、立面、剖面及节点图纸内容，让学生掌握绘制平面、立面、剖面及节点图纸的具体内容、绘制方法及注意事项。

3．通过讲解施工图输出的格式与成果内容，使学生掌握并在实践中灵活应用。

4．通过讲解施工图现行标准与规范，让学生掌握制图依据、国家标准及建筑室内装饰装修制图标准，学会应用不同的图纸规格及施工图设计中的平面、立面、剖面图纸的常用制图符号等规范知识。树立良好的设计制图标准规范意识，并能够在实际任务中融会贯通，使得施工图的设计与表达有据可依。

知识结构

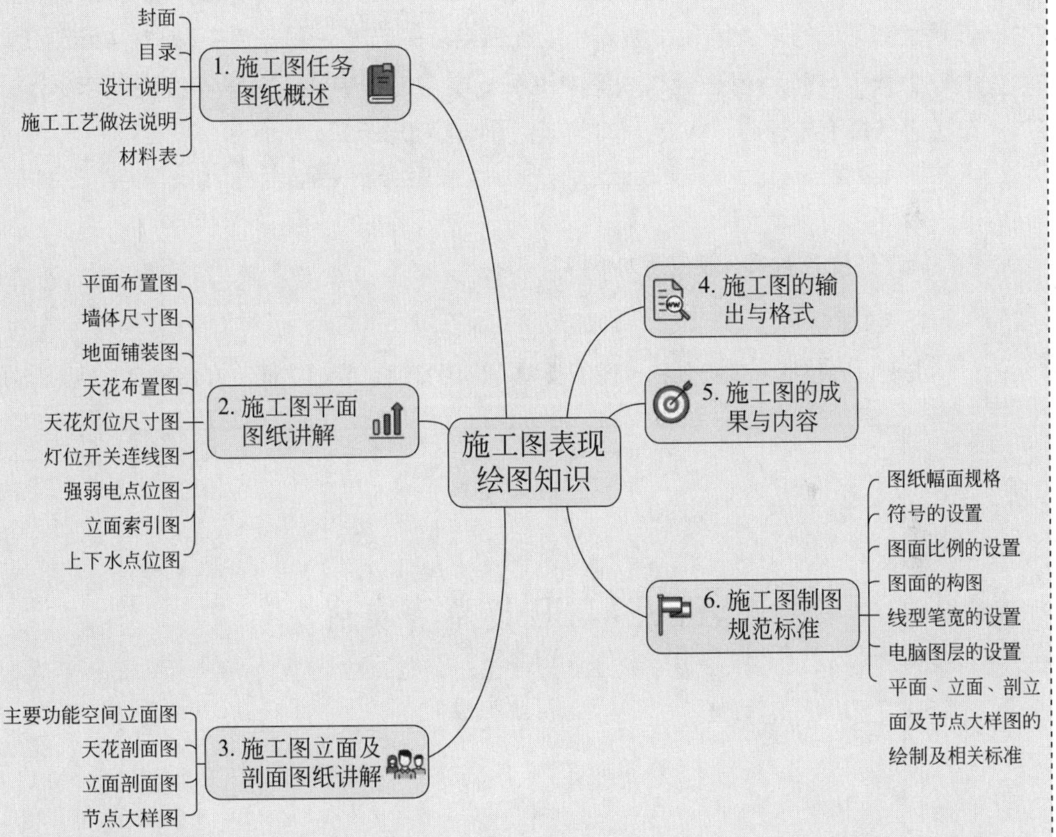
施工图表现绘图知识
1. 施工图任务图纸概述
封面
目录
设计说明
施工工艺做法说明
材料表
2. 施工图平面图纸讲解
平面布置图
墙体尺寸图
地面铺装图
天花布置图
天花灯位尺寸图
灯位开关连线图
强弱电点位图
立面索引图
上下水点位图
3. 施工图立面及剖面图纸讲解
主要功能空间立面图
天花剖面图
立面剖面图
节点大样图
4. 施工图的输出与格式
5. 施工图的成果与内容
6. 施工图制图规范标准
图纸幅面规格
符号的设置
图面比例的设置
图面的构图
线型笔宽的设置
电脑图层的设置
平面、立面、剖立面及节点大样图的绘制及相关标准

知识点1：施工图任务图纸概述

学习指导

需要通过案例解析来掌握本知识点内容，在进入实操阶段之前，要求提前阅读讲授内容；课上讲解施工图整套文件的构成及各个部分图纸的表达内容，并布置随堂练习进行巩固消化；融入小组配合学习的方式来解决课中疑问，疑难问题汇总上报，教师利用答疑时间集中讲解；学习过程中要了解常识性规范与标准，掌握必备规范与标准，树立正确的施工图制图观念意识。

施工图任务图纸一般包括如下内容。

1. 封面

主要内容包括：工程名称、图纸类型、出图日期、装饰纹样（或LOGO），见图2-1。

图 2-1

2. 目录

① 主要内容包括：图纸序号；图纸代号；图纸名称；图纸类型（图2-2）。

VELVET FUR皮草专卖店装修工程　施工图纸目录

修正	图纸编号	说明	备注
VELVET FUR 皮草专卖店装修工程-(说明系统)			最近出图日期
01	LIST-01	图纸目录	
02	LIST-02	设计说明01	
03	LIST-03	设计说明02	
04	LIST-04	施工工艺做法说明	
05	LIST-05	材料表	
VELVET FUR 皮草专卖店装修工程			最近出图日期
06	P-01	皮草专卖店平面布置图	
07	P-02	皮草专卖店地面铺装图	
08	P-03	皮草专卖店天花灯位图01	
09	P-04	皮草专卖店天花灯位图02	
10	E-01	外立面[A]立面图	
11	E-02	内墙立面[A1]立面图	
12	E-03	内墙立面[C]立面图	
13	E-04	内墙立面[B]立面图	
14	E-05	内墙立面[B1]立面图	
15	E-06	内墙立面[D]立面图	
16	SE-01	叶片造型尺寸图	
17	SE-02	造型发光柱立面图	
18	SE-03	收银台及连接造型分解图	
19	SE-04	圆铁管中岛展示分解图	
20	SE-05	弧形格栅造型侧立面图	
21	SE-06	立面详图001	
22	SE-07	立面详图002	
VELVET FUR 皮草专卖店装修工程-(说明系统)			最近出图日期
23	SE-08	立面详图003	
24	SE-09	立面详图004	

图2-2

② 目录编制：a.按图纸顺序，以清晰为主，可以参照建筑装饰标准编制；b.每套符合自己的标号体系即可，可定制常用标号，如列表用L表示，平面用P表示，立面用E表示，剖面用D表示，节点用S表示等。

3. 设计说明

主要内容包括：①工程概况；②设计依据；③主要依据的国家或地区规范、标准；④施工质量验收标准；⑤环保要求；⑥图纸查阅说明（施工图纸说明）；⑦防火设计；⑧施工注意事项；⑨厂商注意事项；⑩材料及工艺要求；⑪材料设计要求；⑫工程做法说明（图2-3、图2-4）。

4. 施工工艺做法说明

主要内容包括材料名称、施工工艺（做法说明）、注意事项（如厚度等），见图2-5。

5. 材料表

（1）材料表的主要内容

序号或编号、符号（英文字母）、材料名称、使用区域、耐火等级（图2-6）。

（2）材料表的编制

a.按既定顺序，横纵向兼顾进行编制。

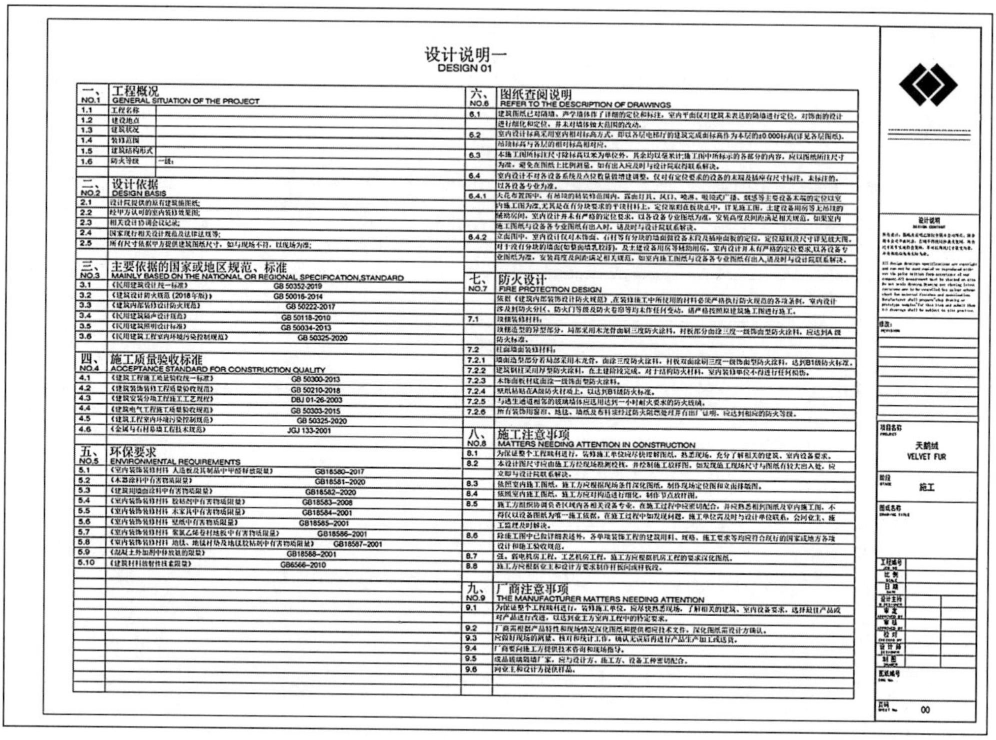

设计说明一
DESIGN 01
一、工程概况
NO.1 GENERAL SITUATION OF THE PROJECT
1.1 工程名称
1.2 建设地点
1.3 建筑状况
1.4 装修范围
1.5 建筑结构形式
1.6 防火等级 一级
二、设计依据
NO.2 DESIGN BASIS
三、主要依据的国家或地区规范、标准
NO.3 MAINLY BASED ON THE NATIONAL OR REGIONAL SPECIFICATION,STANDARD
3.1 《民用建筑设计统一标准》 GB 50352-2019
3.2 《建筑设计防火规范（2018年版）》 GB 50016-2014
3.3 《建筑内部装修设计防火规范》 GB 50222-2017
3.4 《民用建筑隔声设计规范》 GB 50118-2010
3.5 《民用建筑照明设计标准》 GB 50034-2013
3.6 《民用建筑工程室内环境污染控制规范》 GB 50325-2020
四、施工质量验收标准
NO.4 ACCEPTANCE STANDARD FOR CONSTRUCTION QUALITY
4.1 《建筑工程施工质量验收统一标准》 GB 50300-2013
4.2 《建筑装饰装修工程质量验收标准》 GB 50210-2018
4.3 《建筑安装分项工程施工工艺规程》 DBJ 01-26-2003
4.4 《建筑电气工程施工质量验收规范》 GB 50303-2015
4.5 《民用建筑工程室内环境污染控制规范》 GB 50325-2020
4.6 《金属与石材幕墙工程技术规范》 JGJ 133-2001
五、环保要求
NO.5 ENVIRONMENTAL REQUIREMENTS
5.1 GB18580-2017
5.2 GB18581-2020
5.3 GB18582-2020
5.4 GB18583-2008
5.5 GB18584-2001
5.6 GB18585-2001
5.7 GB18586-2001
5.8 GB18587-2001
5.9 GB18588-2001
5.10 GB6566-2010
六、图纸查阅说明
NO.6 REFER TO THE DESCRIPTION OF DRAWINGS
七、防火设计
NO.7 FIRE PROTECTION DESIGN
八、施工注意事项
NO.8 MATTERS NEEDING ATTENTION IN CONSTRUCTION
九、厂商注意事项
NO.9 THE MANUFACTURER MATTERS NEEDING ATTENTION
天鹅绒
VELVET FUR
施工
00

图 2-3

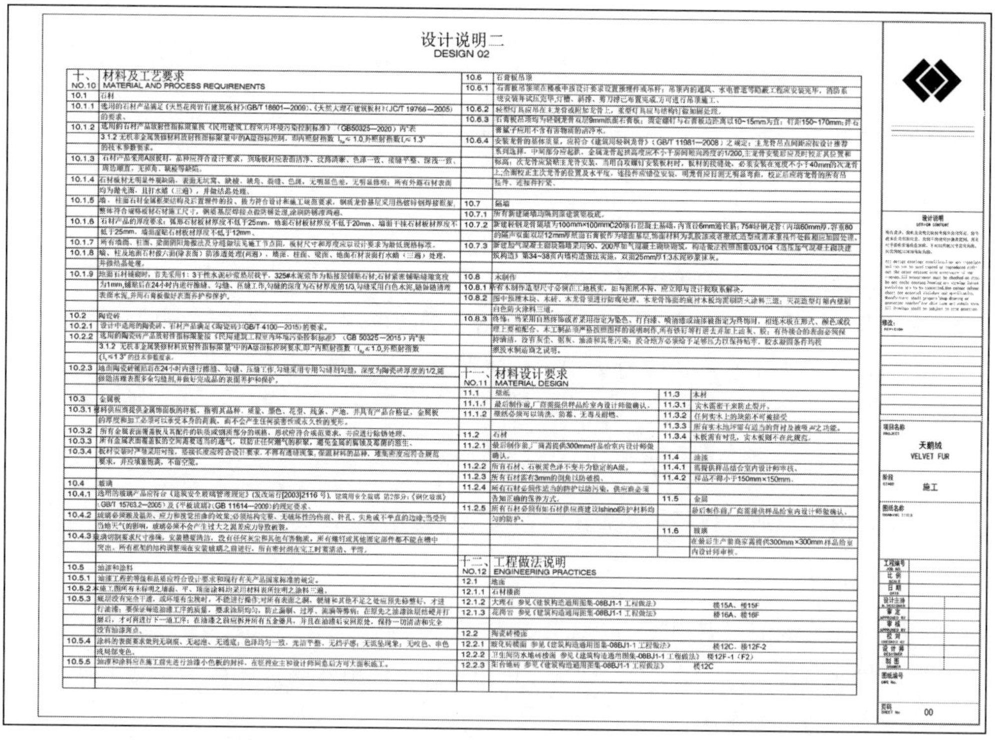

设计说明二
DESIGN 02
十、材料及工艺要求
NO.10 MATERIAL AND PROCESS REQUIRENENTS
10.1 石材
10.2 陶瓷砖
10.3 金属板
10.4 玻璃
10.5 油漆和涂料
10.6 石膏板吊顶
10.7 隔墙
10.8 木制作
十一、材料设计要求
NO.11 MATERIAL DESIGN
11.1 墙纸
11.2 石材
11.3 木材
11.4 油漆
11.5 金属
11.6 玻璃
十二、工程做法说明
NO.12 ENGINEERING PRACTICES
12.1 地面
12.1.1 石材楼面
12.2 陶瓷砖楼面
天鹅绒
VELVET FUR
施工
00

图 2-4

施工工艺做法说明

Construction technology practice

序号	名称	做法说明	厚度
□01	纸面石膏板吊顶	钢筋混凝土钢筋混凝土楼板 φ10钢筋吊杆，双向吊点，900～1200 轻钢主龙骨 轻钢次龙骨 防水石膏板（■单层 □双层） 刮白胶腻子找平二遍 刷抗碱度漆一道 刷乳胶漆一道 喷乳胶漆一道	■ 12 □ 24
□02	埃特板吊顶	钢筋混凝土钢筋混凝土楼板 φ10钢筋吊杆，双向吊点，900～1200 轻钢主龙骨 轻钢次龙骨 埃特板（□单层 □双层） 刮白胶腻子找平二遍 刷抗碱度漆一道 刷乳胶漆一道 喷乳胶漆一道	■ 8 □ 16
□03	矿棉板吊顶	钢筋混凝土钢筋混凝土楼板 φ6钢筋吊杆，双向吊点，900～1200 T型龙骨 暗插式矿棉板	
□04	木龙骨造型吊顶	钢筋混凝土钢筋混凝土楼板 50×70大小龙骨，中距900～1200 30×40大小龙骨，中距400～600 12厘木夹板（防火防潮防蛀处理），错缝 刮白胶腻子找平二遍 刷抗碱度漆一道 刷乳胶漆一道 喷乳胶漆一道	40 12
□05	铝扣板吊顶	钢筋混凝土钢筋混凝土楼板 φ6钢筋吊杆，双向吊点，900～1200 轻钢主龙骨 配套中龙骨 铝合金板 特制收边条	1.0～3.0
□06	墙面乳胶漆	喷乳胶漆一道 刷乳胶漆一道 刷抗碱底漆一道 刮白胶腻子找平二遍 1:0.3:2.5水泥石灰沙浆抹面 1:0.3:3水泥石灰沙浆打底 墙体	
□07	贴墙纸	壁纸 墙纸专用胶（墙纸型号指定的专用胶） 满刮腻子二遍 1:0.3:2.5水泥石灰沙浆抹面 1:0.3:3水泥石灰沙浆打底 墙体	
□08	切片板墙面	7、哑光硝基清漆 6、切片板 5、9厘木夹板（防火防潮防蛀处理） 4、木龙骨30×40（或9厘木夹板条），双向、中距400～600 3、防潮层 2、1:3水泥砂浆找平层 1、墙体	9 9/40 8～12
□09	贴瓷砖	高级瓷砖 1:1水泥石灰浆（加107胶）粘结层 1:3水泥石灰浆打底 墙体	6～8 5～5 02
□10	贴复合铝板	复合铝板 高级胶粘剂（汗斋） 12厘木夹板（防火防潮防蛀处理） 木（钢）龙骨架（防火防潮防蛀处理） 墙体	4 12
□11	挂贴大理石（花岗岩）墙面	5、大理石、花岗岩背面刷胶封闭 4、穿18号钢丝（或φ04镀面不锈钢挂勾安装）1:2.5水泥沙浆灌缝 3、电焊或绑扎6双向钢筋网 2、射钉YD62S8（03.7×62）射入墙体深度30mm（间距由板材定） 1、墙体	20～25 30～50
□12	干挂大理石（花岗岩）墙面	大理石、花岗岩背面刷胶封闭 镜面不锈钢挂件安装大理石胶封闭 角钢、槽钢钢架刷防锈漆 膨胀螺栓固定预埋铁件 墙体	25～30
□13	粘贴大理石（花岗岩）墙面	大理石、花岗岩背面刷胶封闭 细木工基层（防火防潮防蛀处理） 木（钢）龙骨架（防火防潮防蛀处理） 墙体	15～20
□14	织物墙面	7、织物面料 6、泡沫海绵 5、9厘木夹板（防火防潮防蛀处理） 4、木龙骨30×40（或9厘木夹板条），双向、中距400～600 3、防潮层 2、1:3水泥砂浆找平层 1、墙体	9 9/40 8～12
□15	玻璃镜面墙面	6、玻璃镜面 5、9厘木夹板（防火防潮防蛀处理） 4、木龙骨30×40（或9厘木夹板条），双向、中距400～600 3、防潮层 2、1:3水泥砂浆找平层 1、墙体	9 9/40 8～12
□16	三聚氰氨装饰板墙面	三聚氰氨装饰板 12厘木夹板（防火防潮防蛀处理） 木（钢）龙骨架（防火防潮防蛀处理） 防潮层 1:3水泥砂浆找平层 墙体	12 8～12
□17	地毯地面	地毯 橡胶海绵地毯衬垫 防潮层 1:2.5水泥砂浆找平层 钢筋混凝土楼板	
□18	方块地毯地面	方块地毯 自流平 防潮层 1:2.5水泥砂浆找平层 钢筋混凝土楼板	
□19	大理石（花岗岩）地面	大理石、花岗岩背面刷胶封闭 水泥膏结合层 1:3干硬性水泥砂浆 素水泥浆结合层 1:2.5水泥砂浆找平层 钢筋混凝土楼板	20～25 20 20
□20	瓷砖地面	瓷砖 水泥膏结合层 1:3干硬性水泥砂浆 素水泥浆结合层 1:2.5水泥砂浆找平层 钢筋混凝土楼板	6～8 20 20
□21	广场砖地面	广场砖 撒素水泥面 1:3干硬性水泥砂浆结合层 素水砂浆结合层 1:2.5水泥砂浆找平层 混凝土垫层	
□22	实木地板地面	哑光地板漆 实木地板 毛地板垫层（或12厘木夹板） 木龙骨结构层（防火防潮防蛀处理） 防潮层 1:2.5水泥砂浆找平层 钢筋混凝土楼板	
□23	复合木地板地面	复合木地板 专用地板胶垫 防潮层 1:2.5水泥砂浆找平层 钢筋混凝土楼板	
□24	胶地板地面	胶地板 自流平 防潮层 1:2.5水泥砂浆找平层 钢筋混凝土楼板	
□25	防静电地板地面	防静电地板块 钢性龙骨支架 防潮层 1:2.5水泥砂浆找平层 钢筋混凝土楼板	

图 2-5

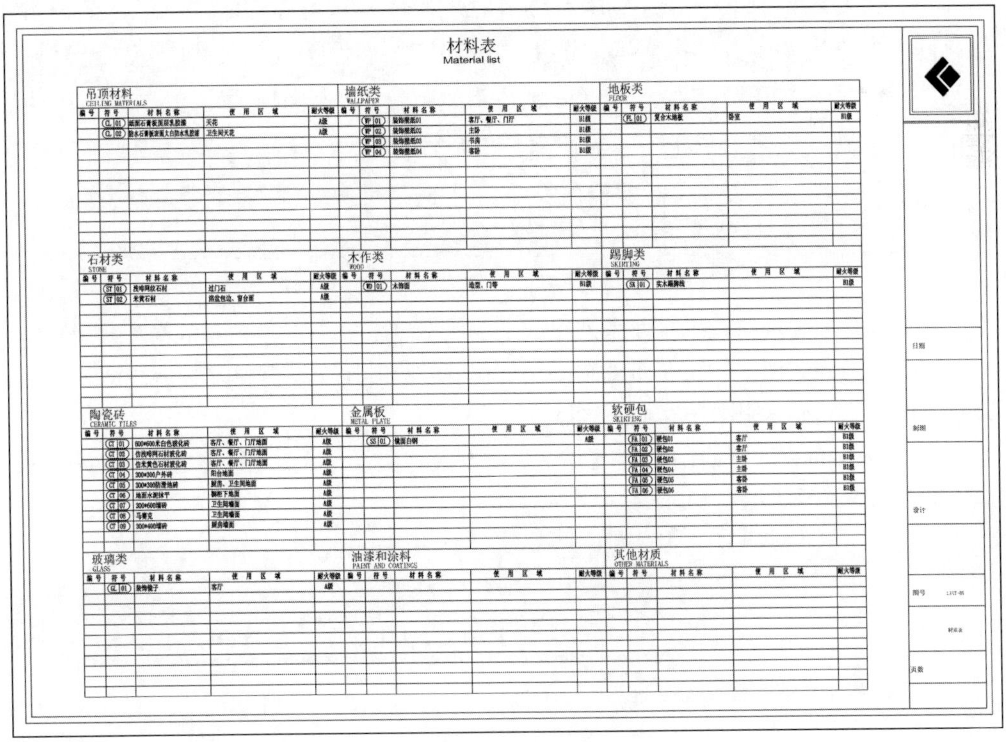

材料表

Material list

吊顶材料 CEILING MATERIALS

编号	符号	材料名称	使用区域	耐火等级
	CL 01	纸面石膏板面层乳胶漆	天花	A级
	CL 02	防水石膏板面层大白防水乳胶漆	卫生间天花	A级

墙纸类 WALLPAPER

编号	符号	材料名称	使用区域	耐火等级
	WP 01	装饰壁纸01	客厅、餐厅、门厅	B1级
	WP 02	装饰壁纸02	主卧	B1级
	WP 03	装饰壁纸03	书房	B1级
	WP 04	装饰壁纸04	客卧	B1级

地板类 FLOOR

编号	符号	材料名称	使用区域	耐火等级
	FL 01	复合木地板	卧室	B1级

石材类 STONE

编号	符号	材料名称	使用区域	耐火等级
	ST 01	浅啡网纹石材	过门石	A级
	ST 02	米黄石材	浴缸包边、窗台面	A级

木作类 WOOD

编号	符号	材料名称	使用区域	耐火等级
	WD 01	木饰面	造型、门等	B1级

踢脚类 SKIRTING

编号	符号	材料名称	使用区域	耐火等级
	SK 01	实木踢脚线		B1级

陶瓷砖 CERAMIC TILES

编号	符号	材料名称	使用区域	耐火等级
	CT 01	600*600米白色玻化砖	客厅、餐厅、门厅地面	A级
	CT 02	仿浅啡网石材玻化砖	客厅、餐厅、门厅地面	A级
	CT 03	仿米黄色石材玻化砖	客厅、餐厅、门厅地面	A级
	CT 04	300*300户外砖	阳台地面	A级
	CT 05	300*300防滑地砖	厨房、卫生间地面	A级
	CT 06	地面水泥抹平	橱柜下地面	A级
	CT 07	300*600墙砖	卫生间墙面	A级
	CT 08	马赛克	卫生间墙面	A级
	CT 09	300*400墙砖	厨房墙面	A级

金属板 METAL PLATE

编号	符号	材料名称	使用区域	耐火等级
	SS 01	镜面白钢		A级

软硬包 SKIRTING

编号	符号	材料名称	使用区域	耐火等级
	FA 01	硬包01	客厅	B1级
	FA 02	硬包02	客厅	B1级
	FA 03	硬包03	主卧	B1级
	FA 04	硬包04	主卧	B1级
	FA 05	硬包05	客卧	B1级
	FA 06	硬包06	客卧	B1级

玻璃类 GLASS

编号	符号	材料名称	使用区域	耐火等级
	GL 01	装饰镜子	客厅	A级

油漆和涂料 PAINT AND COATINGS

编号	符号	材料名称	使用区域	耐火等级

其他材质 OTHER MATERIALS

编号	符号	材料名称	使用区域	耐火等级

图 2-6

b.材料种类与具体应用材料层次分明，标号与系统主次分明，每套符合自己的标号体系即可。

c.材料对应设计项目进行编制与分类（材料表反映的是此套设计施工的项目方案所应用材料）。

d.具体材料按序号顺序编制，如MT-01、MT-02、MT-03。

（3）常用材料符号

涂料类（PT）；木材类（WD）；石材类（ST）；瓷砖类（CT）；镜面类（MR）；玻璃类（GL）；金属类（MT）；软硬包布艺类（UP\HP）；壁纸壁布类（WP）；地板类（FL）；踢脚类（SK）；地毯类（CP）；塑料类（PL）；洁具类（BA）。

知识点2：施工图平面图纸讲解

学习指导

需要通过案例的平面图纸部分的解析来掌握本知识点内容，在进入实操阶段之前，要求提前阅读讲授内容；课上讲解施工图平面图纸的表达内容、绘制方法及注意事项，并布置随堂练习进行巩固消化；融入小组配合学习的方式来解决课中疑问，疑难问题汇总上报，教师利用答疑时间集中讲解；学习过程中要了解常识性规范与标准，掌握必备规范与标准，树立正确的施工图制图观念意识。

一般复杂程度的施工平面系列图纸主要包括以下种类：①平面布置图；②墙体尺寸图；③地面铺装图；④天花布置图；⑤天花灯位尺寸图；⑥灯位开关连线图；⑦强弱电点位图；⑧立面索引图；⑨上下水点位图。

① 平面布置图纸绘制时一般应注意以下内容要素：a.指北针的应用；b.图示符号；c.定位轴线符号（图2-7）。

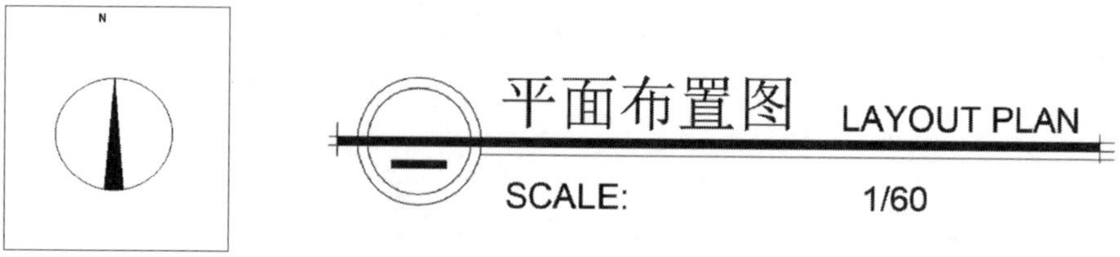

(a) (b)

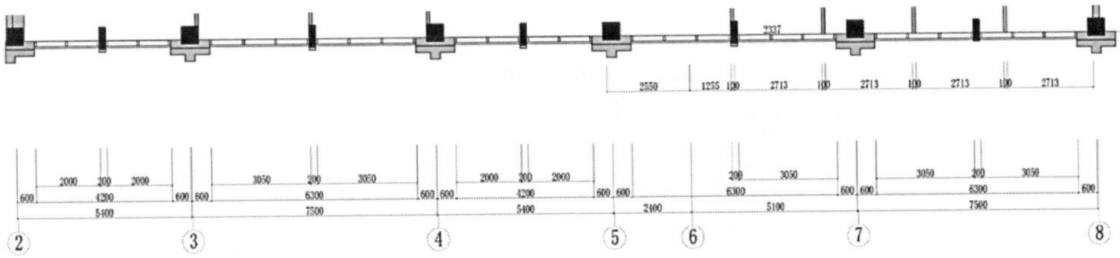

(c)

图 2-7

② 墙体尺寸图纸绘制时一般应注意以下内容要素：a .文字标注；b .尺寸标注；c .图示符号（图2-8）。

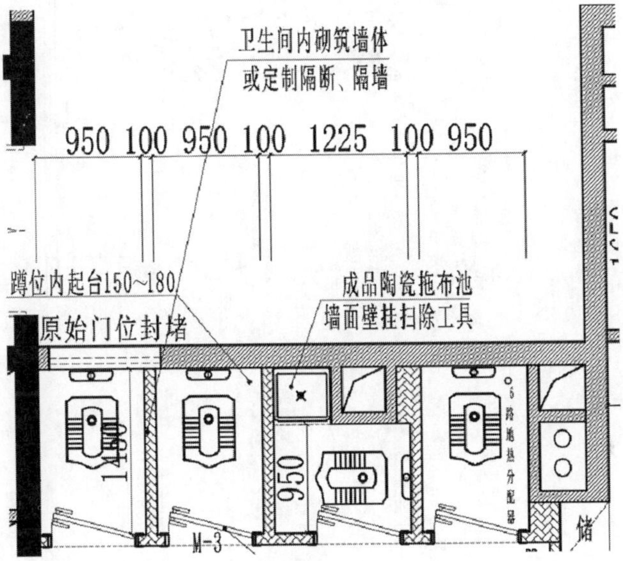

(a)

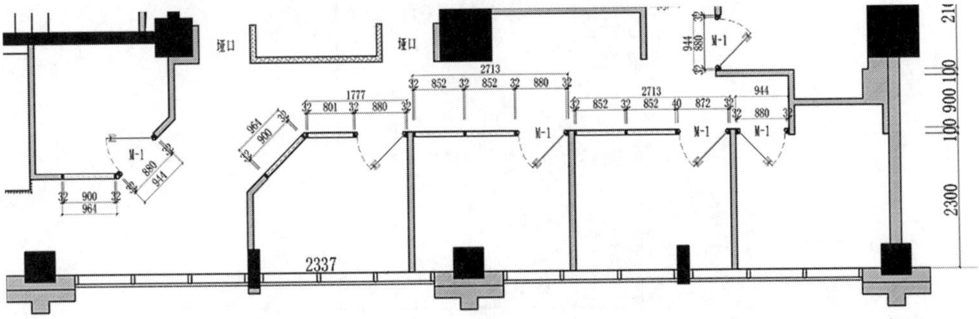

(b)

图 2-8

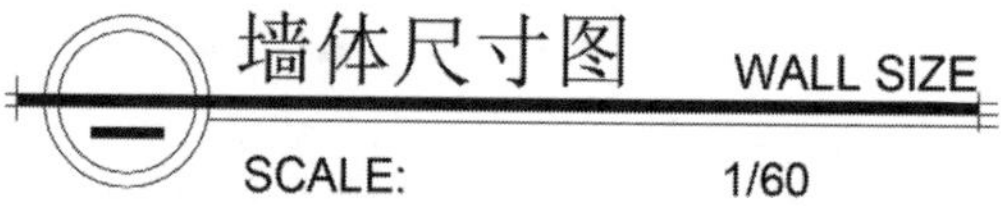

(c)

图 2-8

③ 地面铺装图纸绘制时一般应注意以下内容要素：a .地面铺装材质；b .尺寸标注；c .文字标注；d.地面常用图示标注及图例符号（图2-9）。

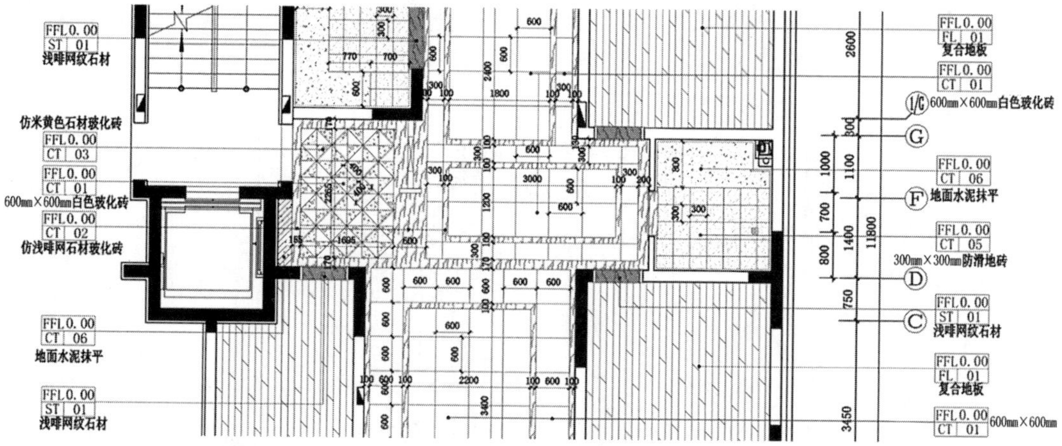

(a)

图例	名称
	CT-01 600mm×600mm白色玻化砖
	CT-02 仿浅啡网石材玻化砖
	CT-03 仿米黄色石材玻化砖
	CT-04 300mm×300mm户外砖
	CT-05 300mm×300mm防滑地砖
	CT-06 地面水泥抹平
	FL-01 复合地板

(b)

图 2-9

④ 天花布置图纸绘制时一般应注意以下内容要素：a .天花造型及材质；b .尺寸标注；c .文字标注；d.天花常用图示标注符号（图2-10、图2-11）。

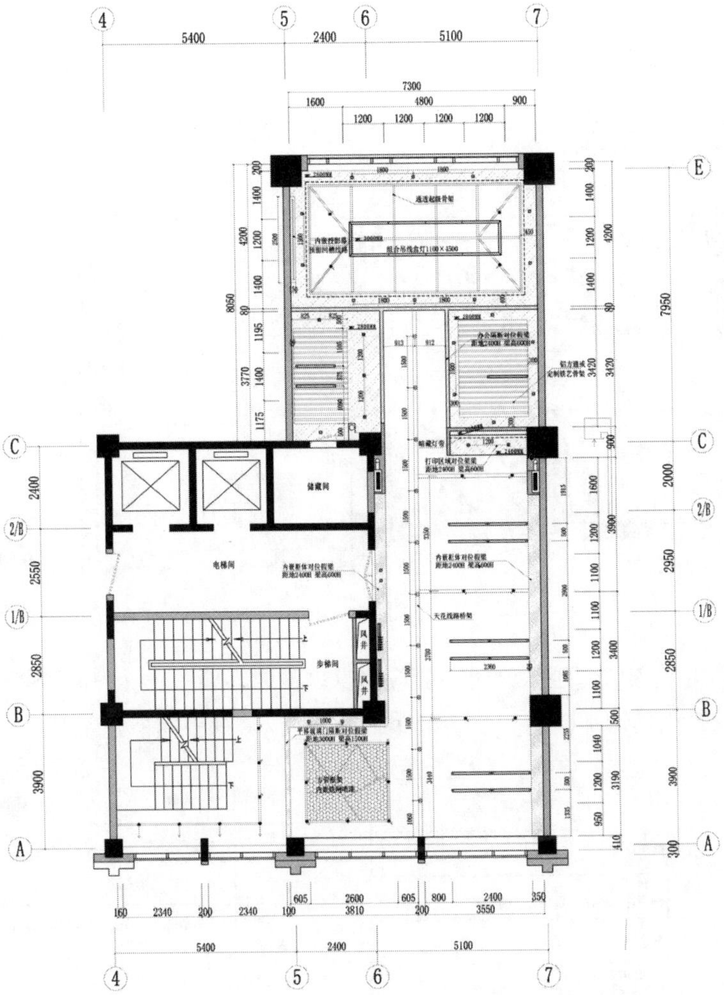
4
5
6
7
5400
2400
5100
7300
1600
4800
900
1200
1200
1200
1200
E
C
2/B
1/B
B
A
2400
2550
2850
3900
7950
2000
2950
2850
3900
储藏间
电梯间
步梯间
风井
160
2340
200
2340
100
605
2600
605
800
2400
350
3810
200
3550

图 2-10

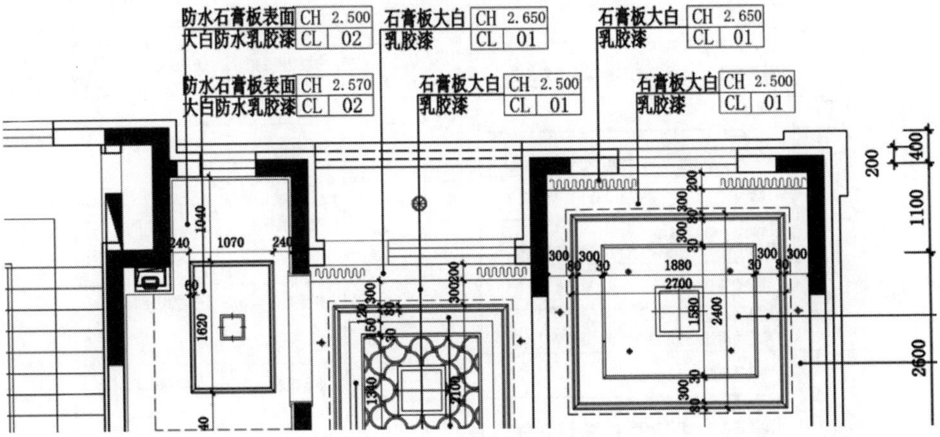
防水石膏板表面
大白防水乳胶漆
CH 2.500
CL 02
石膏板大白
乳胶漆
CH 2.650
CL 01
石膏板大白
乳胶漆
CH 2.650
CL 01
防水石膏板表面
大白防水乳胶漆
CH 2.570
CL 02
石膏板大白
乳胶漆
CH 2.500
CL 01
石膏板大白
乳胶漆
CH 2.500
CL 01
1040
1070
240
240
1620
1880
2700
1580
2400
2100
1380
400
200
1100
2600

图 2-11

⑤ 天花灯位尺寸图纸绘制时一般应注意以下内容要素：a.与天花布置图差别；b.尺寸与文字标注；c.天花剖立面引出符号；d.灯具图例符号（图2-12、图2-13）。

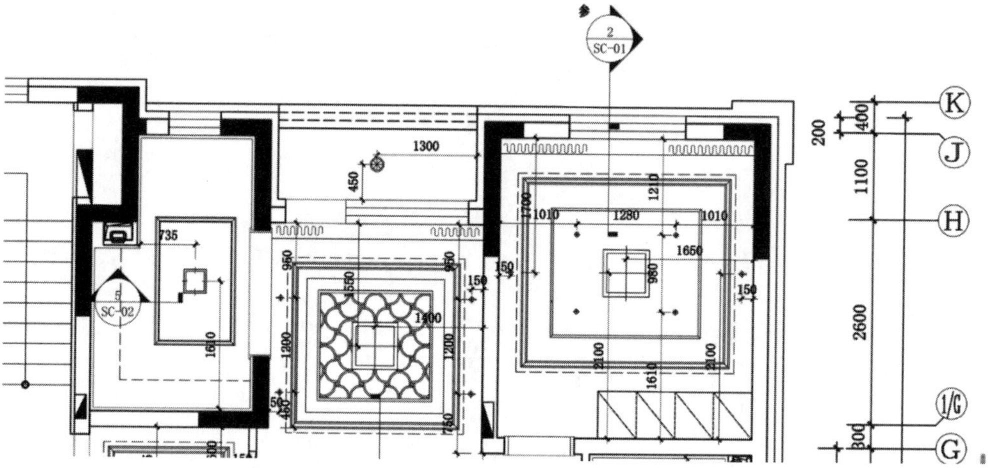

图2-12

⑥ 灯位开关连线图纸绘制时一般应注意以下内容要素：a.开关图例符号；b.对应图纸的识别与绘制（图2-14、图2-15）。

图例	名称
	防雾射灯 Anti fog lamp 除图注明外，选用12V、50W光源
	普通射灯 Ordinary lamp 除图注明外，选用12V、50W光源
	可调角射灯 ADJ. ACCENT LIGHT 除图注明外，选用12V、50W光源
	吸顶灯 CHANDELIER 除图注明外，选用220V光源，功率依灯具定
	吊灯 CHANDELIER 除图注明外，选用220V光源，功率依灯具定
-----	线型灯带 Linear lamp strip 除图注明外，选用220V光源，功率依灯具定
	浴霸含排风 Bath heater 除图注明外，选用220V光源，功率依灯具定
	户外吸顶灯 Bath heater 除图注明外，选用220V光源，功率依灯具定

图2-13

图例	名称	距地高度
	单联单控开关	开关距地1.3m
	双联单控开关	开关距地1.3m
	三联单控开关	开关距地1.3m
	四联单控开关	开关距地1.3m
	单联双控开关	开关距地1.3m
	双联双控开关	开关距地1.3m
	三联双控开关	开关距地1.3m
	开关箱	开关箱底距地1.5m
YB	浴霸开关	开关距地1.3m

图2-14

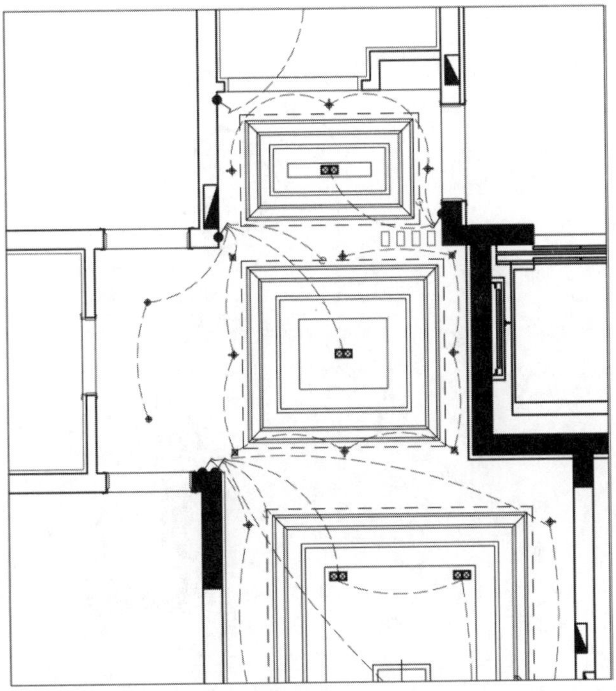

图 2-15

⑦ 强弱电点位图纸绘制时一般应注意以下内容要素：a .插座图例符号；b .对应图纸的识别与绘制（图2-16、图2-17）。

图例	名称
	多种电源配电箱 MCB 除图注明外，箱底距地1.40m，顶不高于2.0m
	带接地插孔单相五孔插座 SINGLE OUTLET (WATER PROOF) 除图注明外，选用220V、10A，暗装面板底距地0.30m
	防水带接地插孔单相五孔插座 OUTLET (WATER PROOF) 除图注明外，选用220V、10A，暗装面板底距地1.50m
TP\TD	电话、宽带二合一接口插座 PHONE AND NETWORK OUTLET(ON FLOOR) 除图注明外，暗装面板底距地0.30m
TV	电视接口 TV OUTLET(ON FLOOR) 除图注明外，暗装面板底距地0.30m
	可视电话 A PICTURE PHONE 除图注明外，距地1.40m
A	挂式空调插座 10A　开关距地2.2m

图 2-16

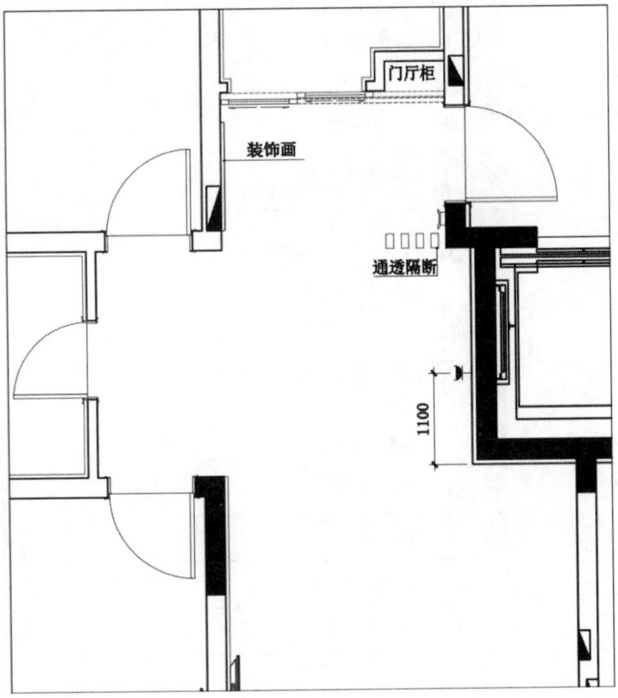

图 2-17

⑧ 立面索引图纸绘制时一般应注意以下内容要素：a.立面索引符号；b.对应图纸的识别与绘制（与立面图纸的绘制相呼应，详见对应图号与索引指示符号），见图2-18。

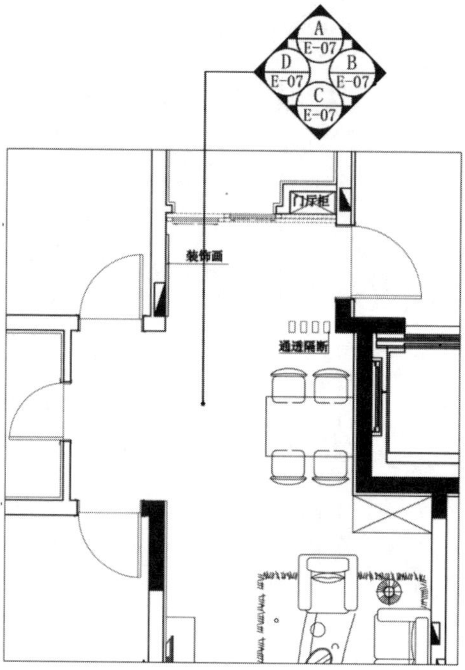

图2-18

⑨ 上下水点位图纸绘制时一般应注意下内容要素：a.与水点位相关联的图例符号；b.对应图纸的识别与绘制（图2-19）。

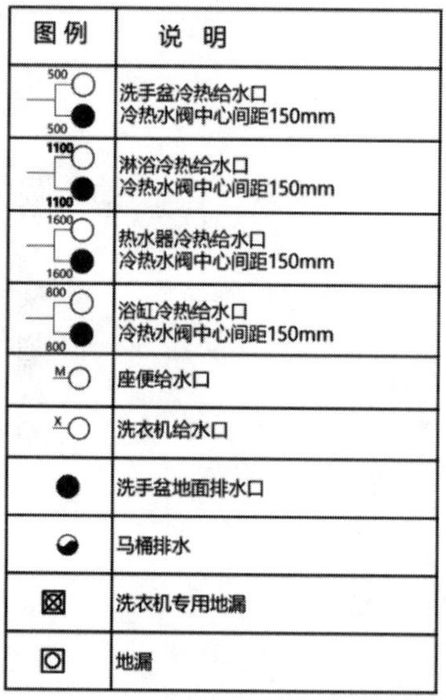

(a)

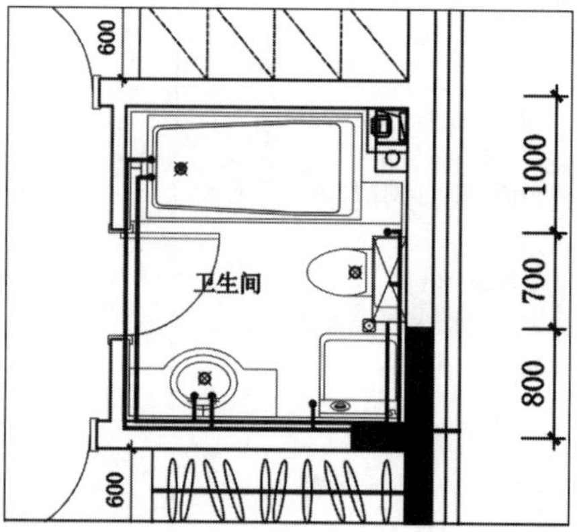

(b)

图2-19

知识点3：施工图立面及剖面图纸讲解

学习指导

需要通过案例的立面及剖面图纸部分的解析来掌握本知识点内容，在进入实操阶段之前，要求提前阅读讲授内容；课上讲解施工图立面、剖面图纸的表达内容、绘制方法及注意事项，并布置随堂练习进行巩固消化；融入小组配合学习的方式来解决课中疑问，疑难问题汇总上报，教师利用答疑时间集中讲解；学习过程中要了解常识性规范与标准，掌握必备规范与标准，树立正确的施工图制图观念意识。

一般的施工立面及剖面系列图纸主要包括以下种类：①主要功能空间的立面图（如居住空间的门厅、客厅、餐厅、厨房、卧室、书房、卫生间等立面图）；②天花剖面图；③立面剖面图；④剖面节点详图（节点大样图）。

其中，立面图纸绘制时一般应注意以下内容要素：

a .立面造型及材质；b .尺寸标注；c .文字标注；d.立面常用图示标注符号；e.非装饰材料标注的方法；f.立面索引符号与剖面图纸的对应关系（图2-20 ~图2-22）。

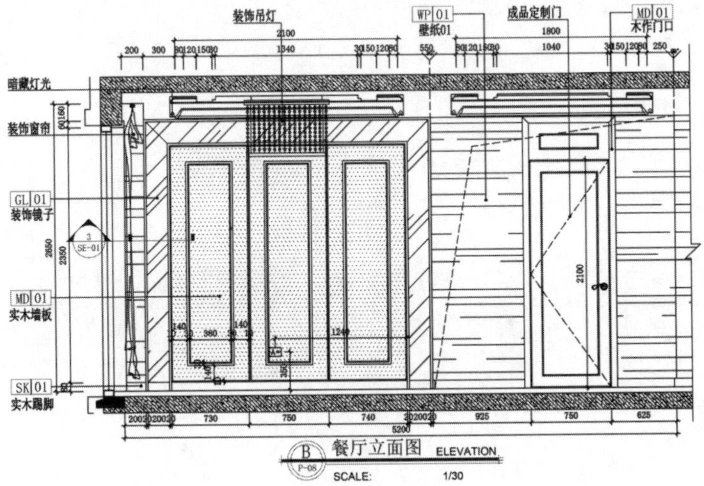

图 2-20

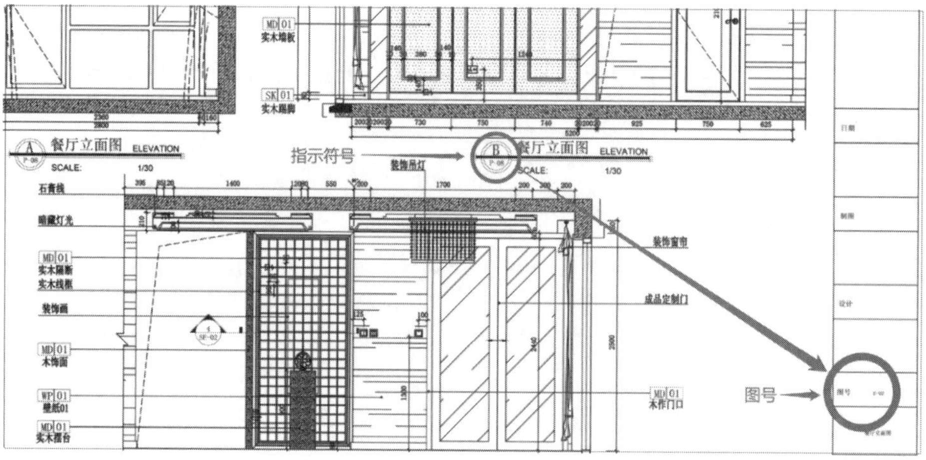

图 2-21

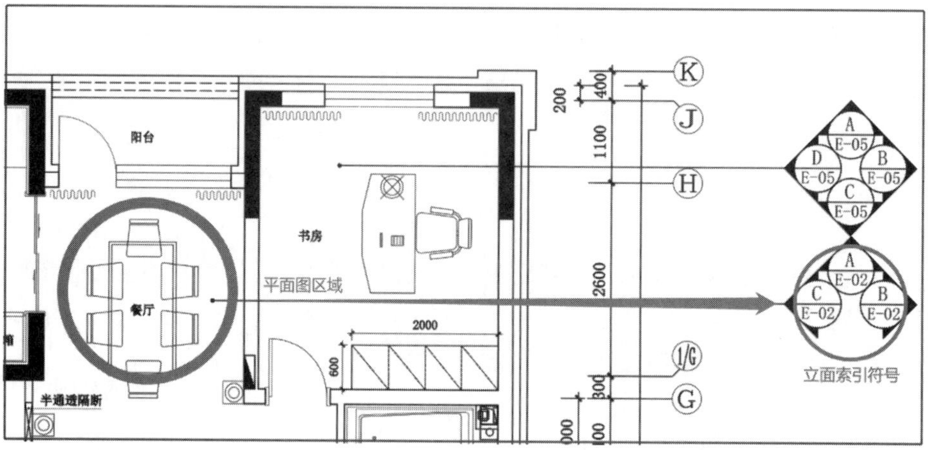

图 2-22

天花剖面图纸绘制时一般应注意以下内容要素：

a.图示符号；b.天花剖面造型及材料工艺；c.尺寸标注；d.文字标注；e.材料引出符号；f.指示符号与图纸的对应关系（图2-23）。

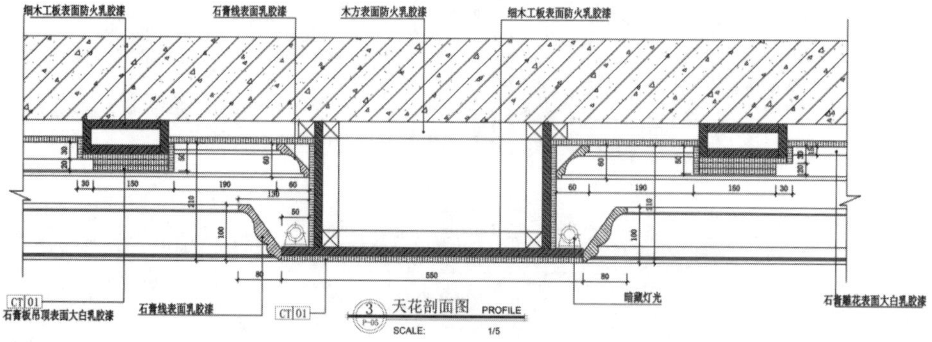

图 2-23

立面剖面图纸绘制时一般应注意以下内容要素：

a .图示符号；b .剖面造型及材料工艺；c .尺寸标注；d.文字标注；e.材料引出符号；f.指示符号与图纸的对应关系（图2-24）。

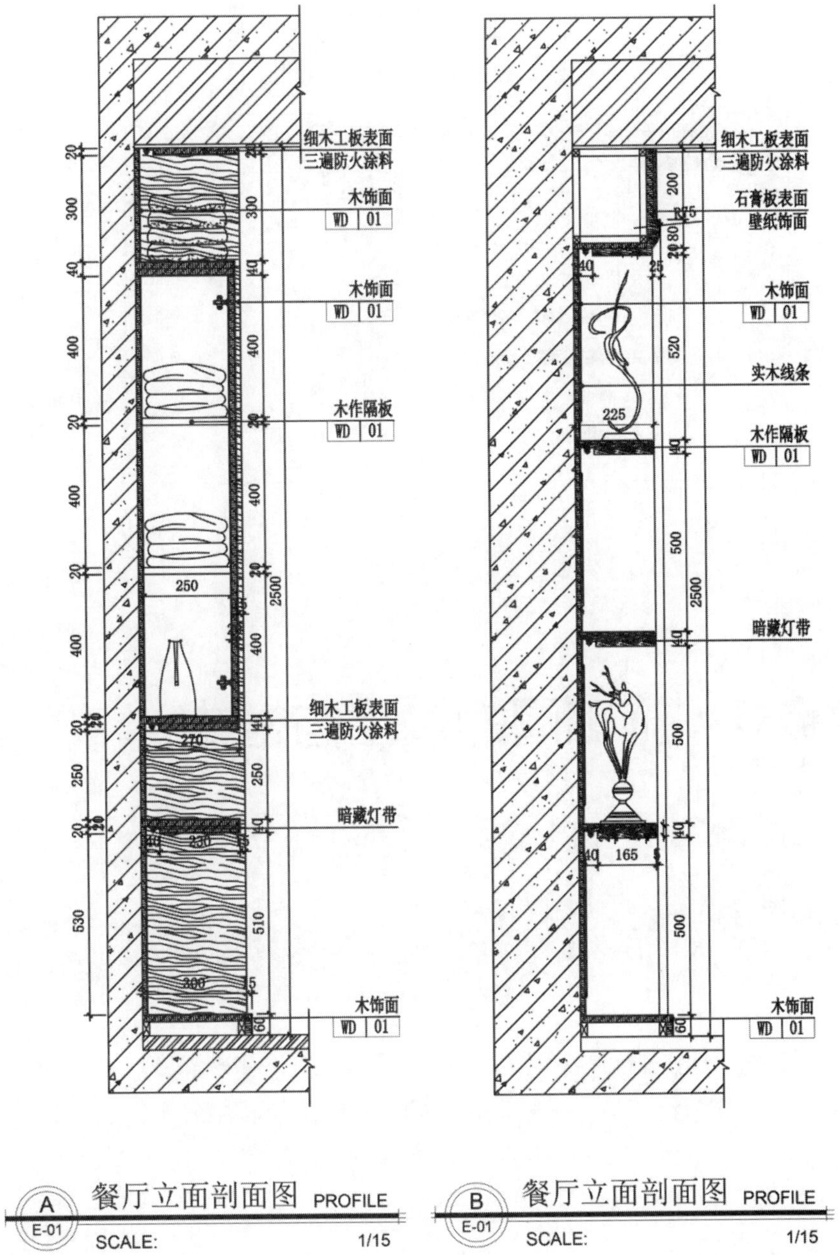

（a）　（b）

图 2-24

剖面的某一局部放大即是节点大样图，绘制时注意内容要素同剖面（图2-25），这里不再赘述。

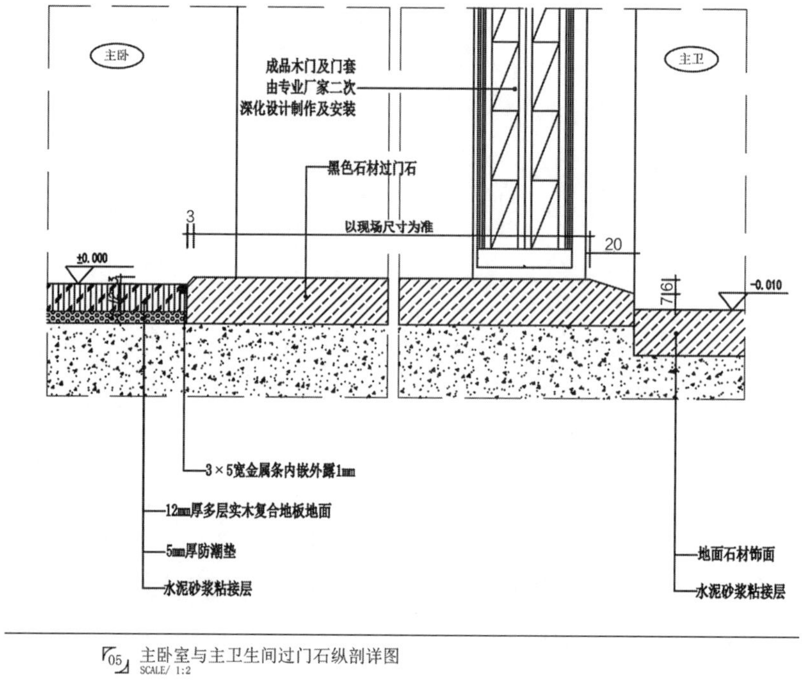

图 2-25

知识点4：施工图的输出与格式

学习指导

通过案例实操输出格式，掌握输出PDF格式的步骤和方法；不同复杂程度的案例导出，布置练习进行巩固消化；要了解输出步骤中分步的知识点，学会提炼重点进行需要格式的输出，树立输出PDF格式的观念。

1. 打印－布局（模型）

① 单击左上角的软件图标下拉按钮，在打开的菜单中选择“打印”：

② 直接单击菜单栏上的“文件”，选择“打印”；

③ 利用快捷键“Ctrl+P”打开“打印-布局（模型）”对话框（图2-26）。

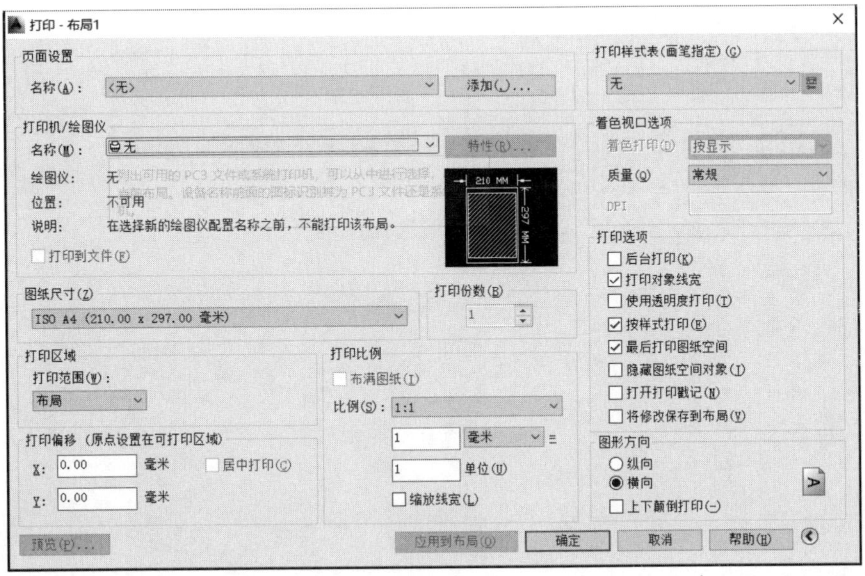

图 2-26

2. 图纸尺寸

在“打印-布局（模型）”对话框中的“名称”下拉框中选择“DWG To PDF”，选择图纸尺寸为“A2”（图2-27）。

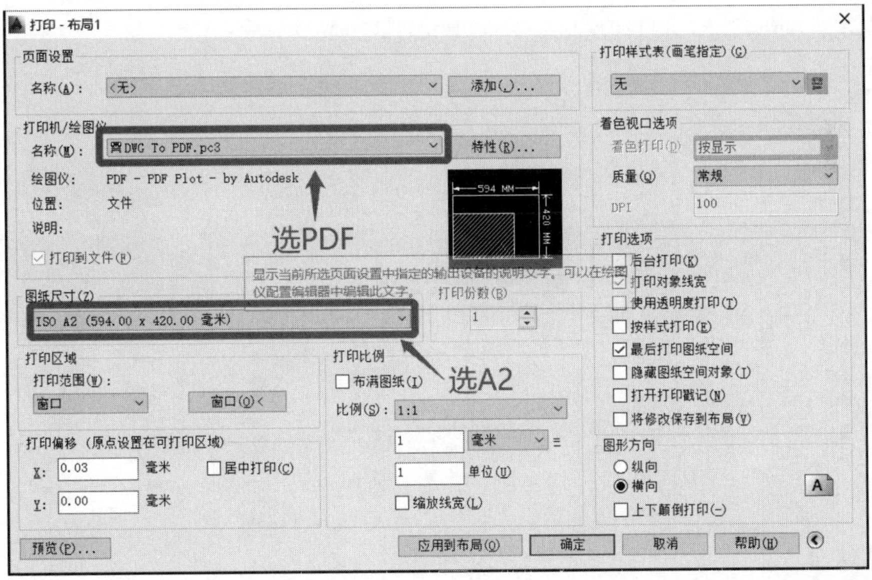

图 2-27

3. 特性

单击“特性”按钮，弹出“绘图仪配置编辑器DWG To PDF.pc3”对话框。这个绘图仪配置编辑器，在有的CAD版本里是英文的，也有中英文双重标识的（图2-28）。

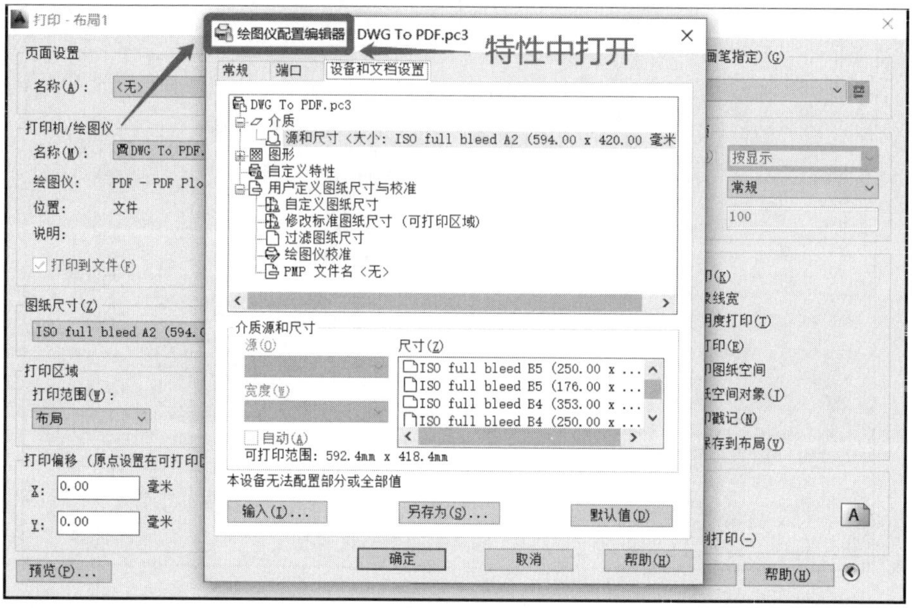

图 2-28

4. 修改尺寸

选择“设备和文档设置”选项卡，单击“修改标准图纸尺寸（可打印区域）”。然后在下面的“修改标准图纸尺寸”框中选中“A2”，再单击右侧的“修改”按钮，弹出“自定义图纸尺寸-可打印区域”对话框（图2-29）。

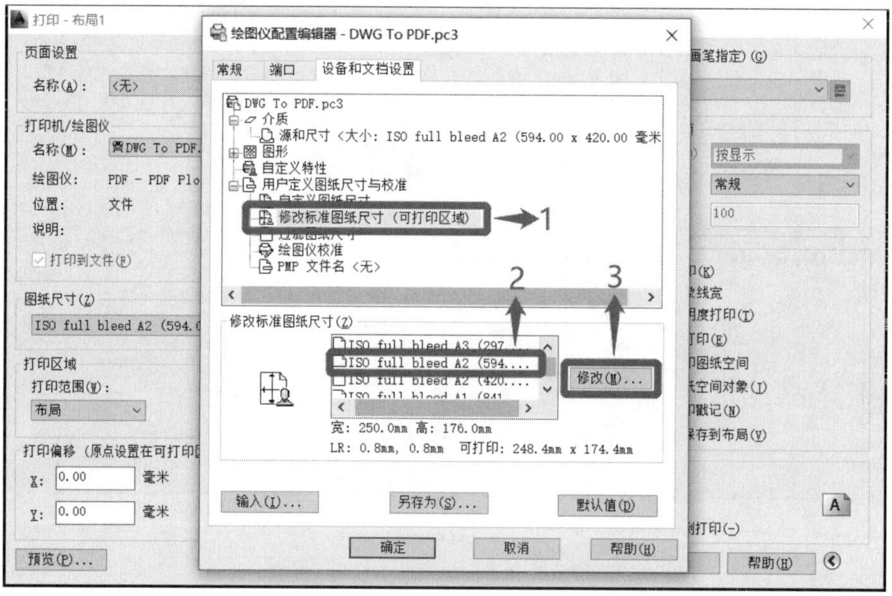

图 2-29

为了使PDF中的图形和CAD中图形的比例保持一致，需要把PDF中的页面边距设为“0”。在“自定义图纸尺寸-可打印区域”对话框中，将“上、下、左、右”的页边距都改为“0”，然后单击“下一步”（图2-30）。

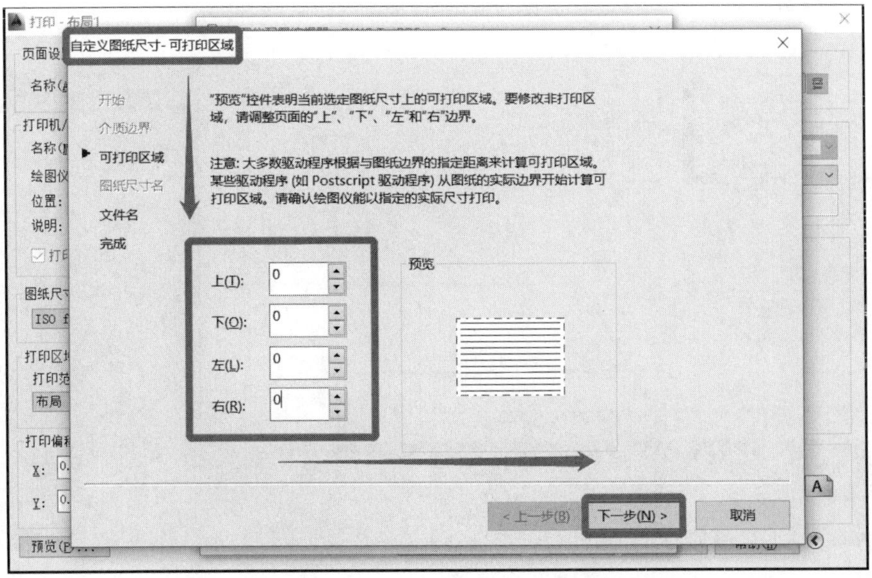

图 2-30

5. 文件名

弹出“自定义图纸尺寸-文件名”对话框，可以不做任何修改，直接单击“下一步”；弹出“自定义图纸尺寸-完成”对话框，可直接单击“完成”。最后对刚才打开的对话框单击“确定”按钮并关闭对话框，直到再次弹出“打印-布局（模型）”对话框（图2-31）。

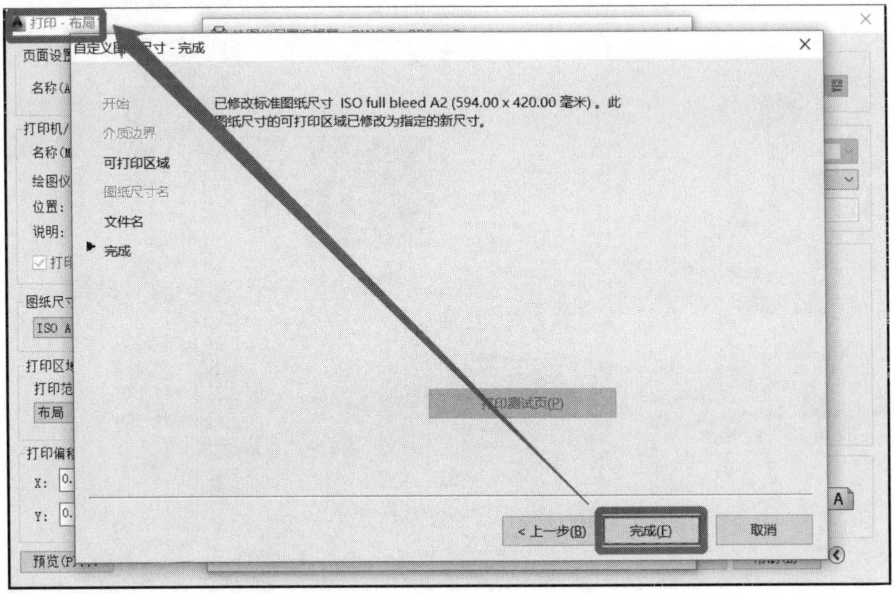

图 2-31

6. 预览

在“打印-布局（模型）”对话框中，单击“预览”按钮，发现图框外边线紧贴纸张边框，白边已经消失，这就代表刚才的设置成功了（图2-32）。

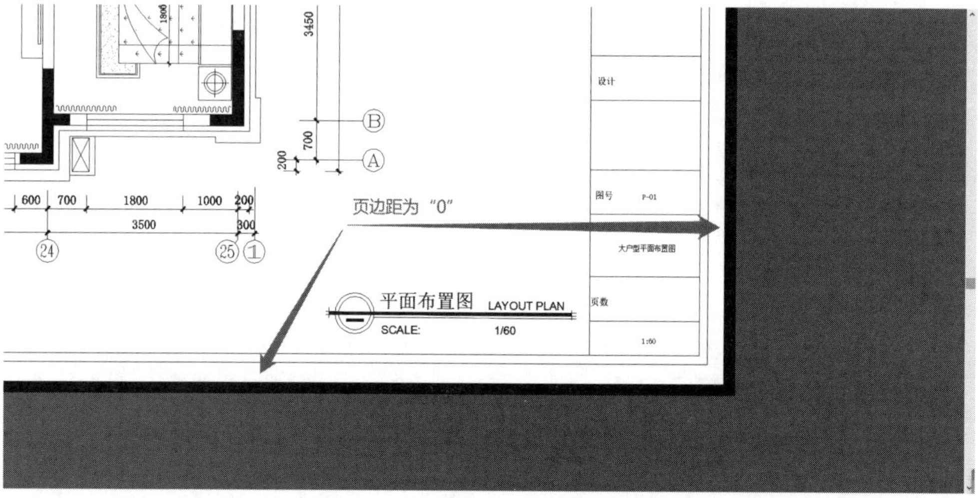

图 2-32

7. 打印范围

在“打印范围”下拉框中选择“窗口”，然后在图纸中用鼠标框选需要打印的矩形区域。为了确认图形在图纸中心，可以勾选“居中打印”和“布满图纸”（图2-33）。

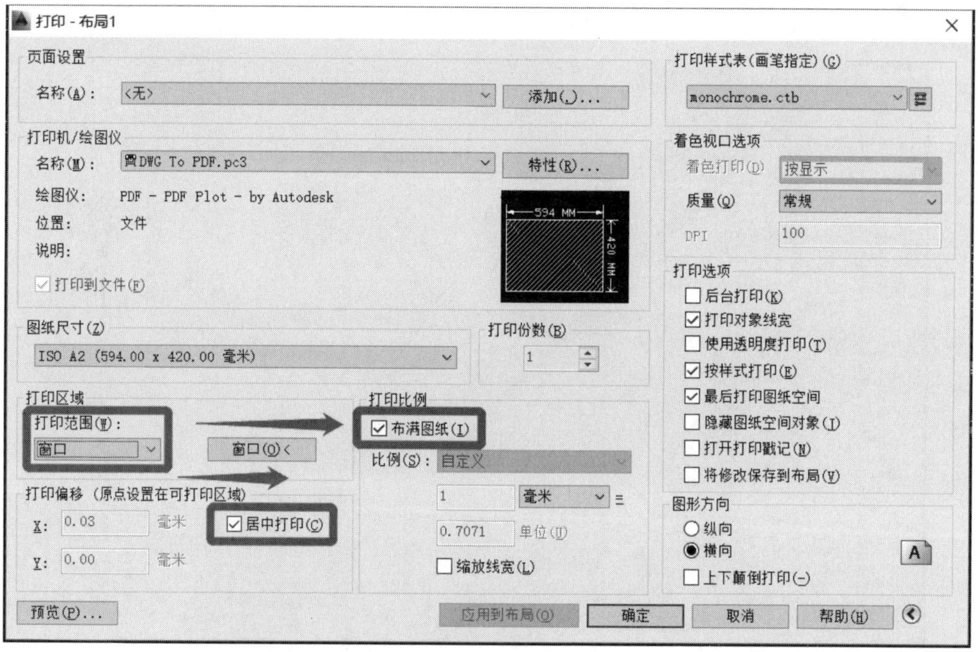

图 2-33

8. 输出

预览查看效果，单击空格键退出预览。单击“确定”按钮，打开“浏览打印文件”对话框。在“浏览打印文件”对话框中选择文件的保存位置，并设置好文件名，单击“保存”按钮，当进度条走完，输出完成（图2-34、图2-35）。

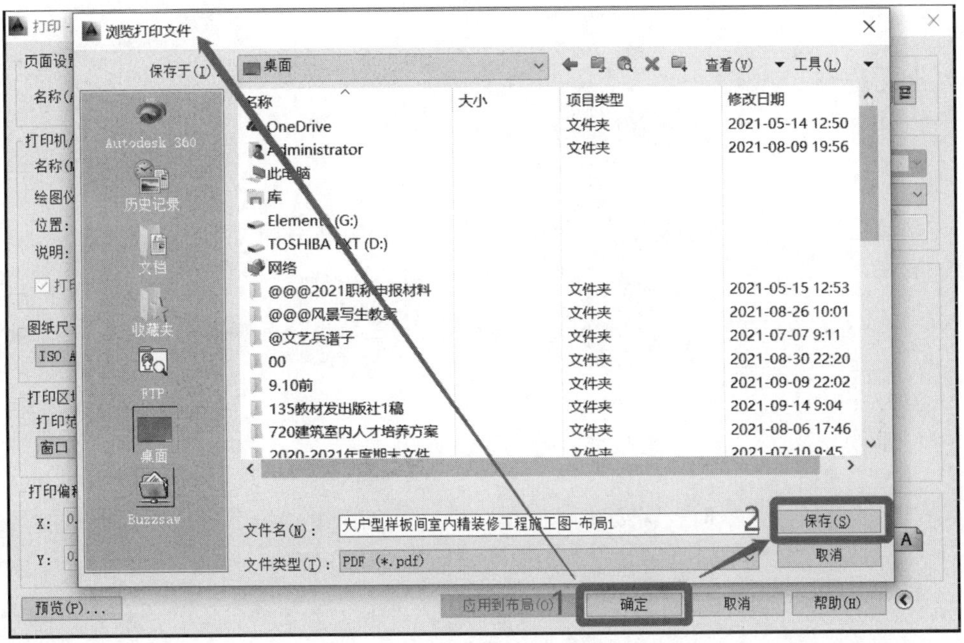

图 2-34

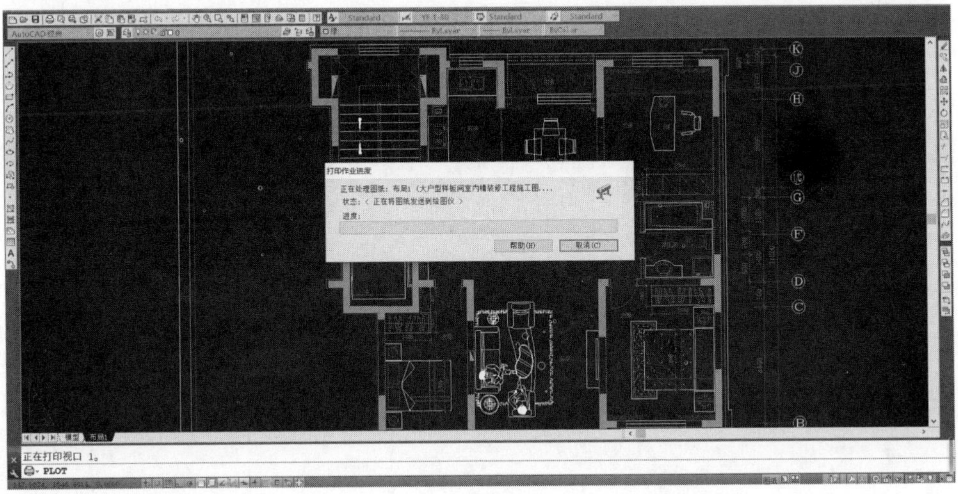

图 2-35

知识点5：施工图的成果与内容

学习指导

结合以前所学，着重记忆掌握施工图纸汇报文件中和室内装饰装修的内容相关的图纸，包含封面、目录、说明、材料图表及平面、立面、剖面、节点详图等有关内容文件；了解与室内装饰设计有关的专业图纸包含哪些内容，利用业余时间，拓展学习相关知识。

在项目设计汇报时，需要出具一套完整的施工图纸。虽然室内设计项目的规模大小、繁简程度各有不同，但其施工图的编制顺序应遵守统一的规定。规范的施工图编制成果文件具体应包含以下内容。

1. 封面

封面中的内容比较简单，主要包括项目名称、业主姓名、设计单位名称和出图时间等。

2. 目录

设置目录的目的：一是要表达出完整的图纸内容，二是方便图纸的查找。在目录中应包含以下内容：项目名称、序号、图号、图名、图幅、图号说明、图纸内部修订日期、备注等。

3. 文字说明

文字说明中包括项目名称、项目概况、设计规范、设计依据、常规做法说明，关于防火、环保等方面的说明。在说明中要针对项目的设计指标进行详细阐述，明确国家的设计规范和施工流程。

4. 图表

包括施工工艺表、材料表、门窗表（含五金件）、洁具表、家具表、灯具表等内容。图表中要明确标识各图例、规格。

5. 平面图

平面图部分包含的图纸比较多，主要包括原始建筑平面图、总家具布局平面图、总建筑隔墙拆改平面图、总地面铺装平面图、总天花造型平面图、总天花灯具平面图、总机电点位平面图、总给排水点位平面图、总索引平面图等内容。

分区平面图包括分区家具布局平面图、分区建筑隔墙拆改平面图、分区地面铺装平面图、分区天花造型平面图、分区天花灯具平面图、分区机电插座图、分区开关连线平面图、分区给排水点位平面图、分区艺术陈设平面图、分区立面索引平面图等内容。

6. 立面图

立面图主要包括装修立面图、家具立面图、机电立面图。在立面图中要表示出隐蔽工程和饰面工程的施工内容。

7. 剖面图

剖面图包括地面剖面图、天花剖面图、墙身剖面图。剖面图主要表示剖切面各层的施工材料、尺寸和做法等内容。

8. 大样详图

这部分包含了构造详图、设备详图、固定家具大样图等内容。在图纸中要表示出这些细部的施工材料、尺寸和做法，绘制比例要大一些，甚至用放大比例来表示。

9. 配套专业图纸

这些专业图纸包括暖通、给排水、强弱电、消防改造等相关配套专业图纸。

知识点6：施工图制图规范标准

学习指导

结合前面课程施工图的基本理论知识对应掌握平面、立面、剖面图纸的内容、画法及标注方法，并能够结合企业任务实践应用；学习现行国家制图标准白皮书，了解各个不同类别的规范与标准，如《房屋建筑制图统一标准》（GB/T 50001-2017）、《建筑装饰装修工程质量验收标准》（GB 50210-2018）、《建筑内部装修设计防火规范》（GB 50222-2017）等，学会应用查询；学会应用企业施工图绘制说明文件的模板，熟悉涉及的相关固定内容，强化记忆。

在室内设计过程中，施工图的绘制是表达设计意图的重要手段之一，是设计交流的标准化语言，是控制施工现场能否实施设计理念的重要环节。

专业化、标准化的施工图规范不但可以帮助设计者深化设计内容，完善构思，同时对设计项目及大量的设计订单，明确施工图规范与管理也可帮助设计团队提高工作效率。

1. 图纸幅面规格

① 图纸幅面。指图纸本身的规格尺寸，为了合理使用并便于图纸管理装订，室内设计制图的图纸幅面规格尺寸延用建筑制图的国家标准（图2-36）。

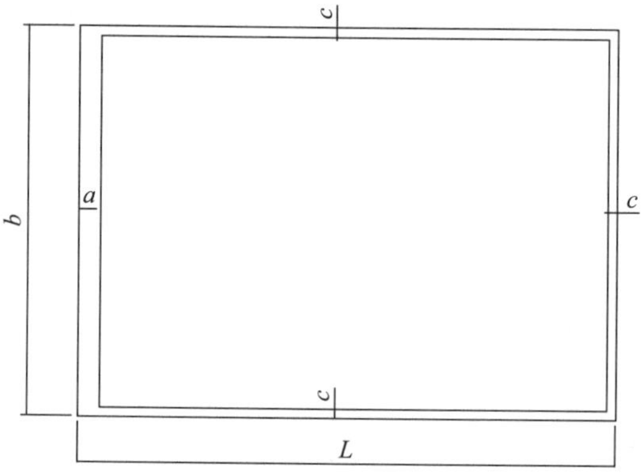

图 2-36

a. 图纸幅面及图框尺寸（mm）如图2-37所示。

尺寸代号	幅面代号				
	A0	A1	A2	A3	A4
b×*L*	841×1189	594×841	420×594	297×420	210×297
c	10			5	
a	25				

图 2-37

b. 图纸短边不得加长，长边可加长，加长尺寸应符合图2-38的规定。

幅面尺寸	长边尺寸	长边加长后尺寸/mm
A0	1189	1486、1783、2080、2378
A1	841	1051、1261、1471、1682、1892、2102
A2	594	743、891、1041、1189、1338、1486、1635、1783、1932、2080
A3	420	630、841、1051、1261、1471、1682、1892

图 2-38

② 标题栏。主要内容包括设计单位名称、工程名称、图纸名称、图纸编号以及项目负责人、设计人、绘图人、审核人等项目内容。如有备注说明或图例简表也可视其内容设置其中。标题栏的长宽与具体内容可根据具体工程项目进行调整（图2-39）。

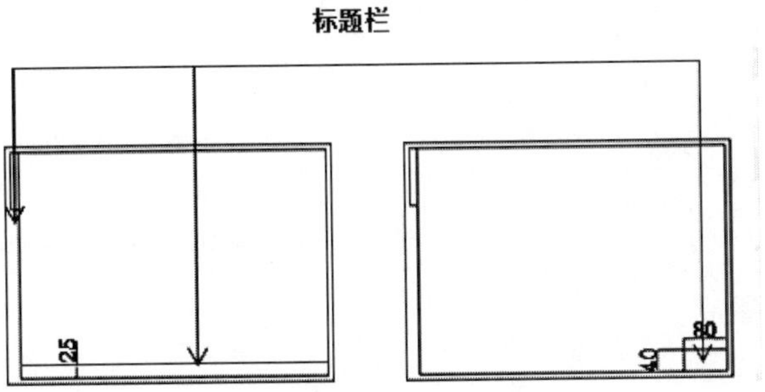

图 2-39

③ 会签栏。室内设计中的设计图纸一般需要审定，水、电、消防等相关专业负责人要会签，这时可在图纸装订一侧设置会签栏，不需要会签的图纸可不设会签栏（图2-40）。

2. 符号的设置

详图：图样中的某一局部或某一构件和构件间的构造，由于比较小或较复杂无法表达清楚时，通常放大单独绘制，称为详图，为便于查找和对照阅读，通常用索引符号和详图符号表示基本图与详图的关系。

（1）详图索引符号

① 用途：可用于在总平面上将分区各面详图进行索引，也可用于节点大样的索引。

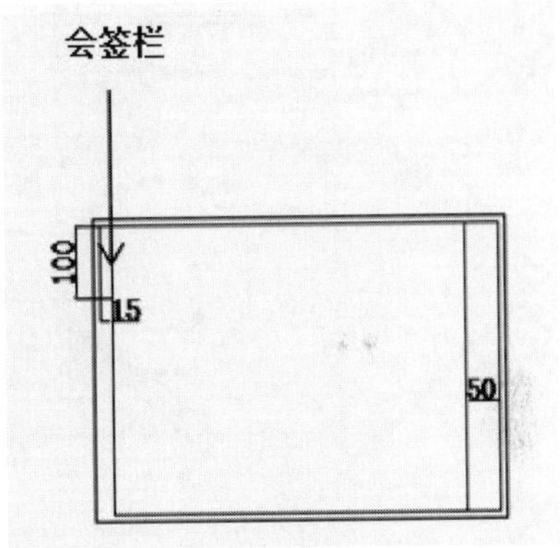

图 2-40

② 尺度：A0、A1、A2图幅索引符号的圆直径为12mm。

A3、A4图幅索引符号的圆直径为10mm（图2-41）。

如索引的详图占满一张图幅而无其他内容索引时，也可采用如图2-42的形式。

③ 索引符号：直径为10mm或12mm的细实线圆，细实线水平直径和引出线及编号的表示见图2-43所示。

（2）节点剖切索引符号

① 用途：可用于平面、立面造型的剖切，可贯穿剖切也可断续剖切节点。

② 尺度：A0、A1、A2图幅剖切索引符号的圆直径为12mm；A3、A4图幅剖切索引符号的圆直径为10mm（图2-44）。

③ 备注：无论剖切视点角度朝向何方，索引圆内的字体应与图幅保持水平，详图号位置与图号位置不能颠倒。

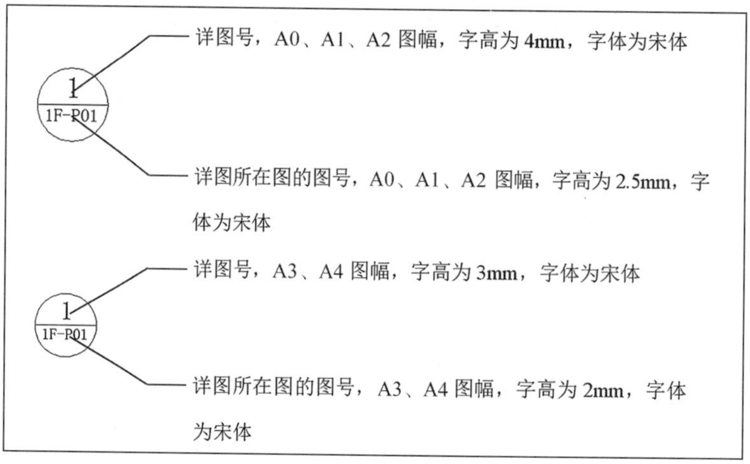

图 2-41

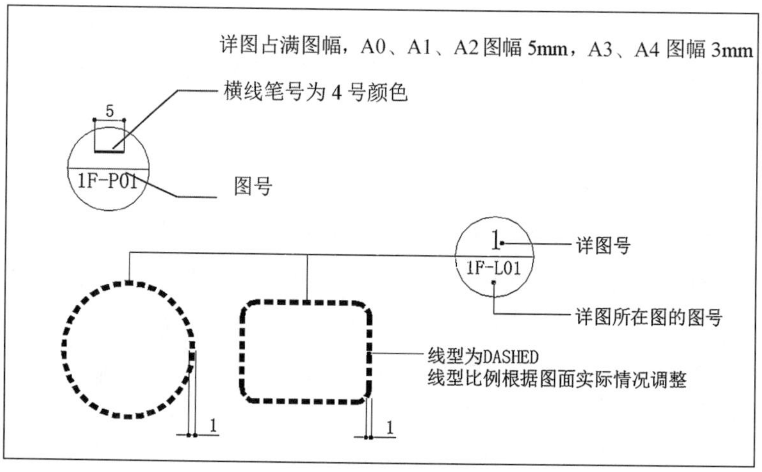

图 2-42

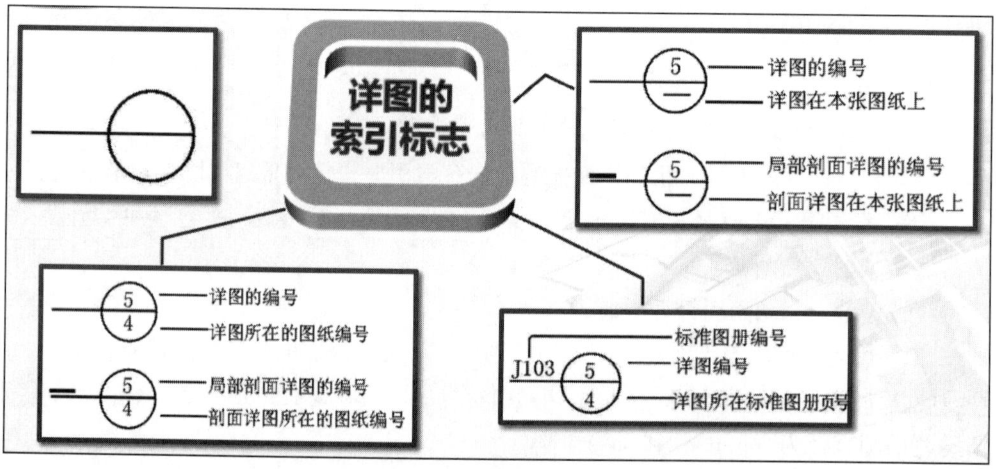

图 2-43

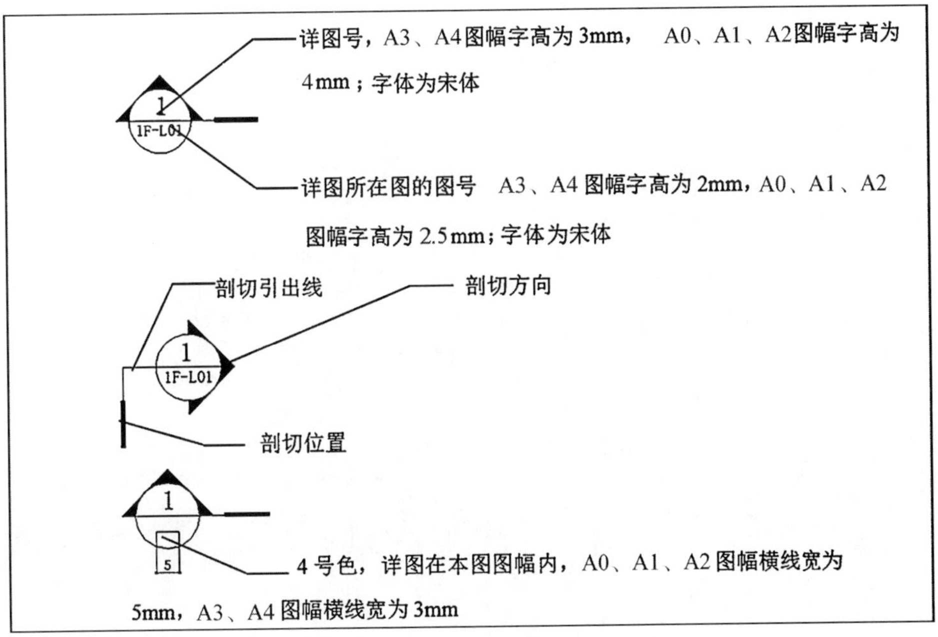

图 2-44

④ 剖切位置线：长度宜为6 ～ 10mm；投射方向线宜为4 ～ 6mm。应以粗实线绘制，不应与其他图线相接触。按顺序由左至右、由下至上连续编排。需要转折的剖切位置线，应在转角的外侧加注与该符号相同的编号。剖面符号应标注在要表示的图样上（图2-45）。

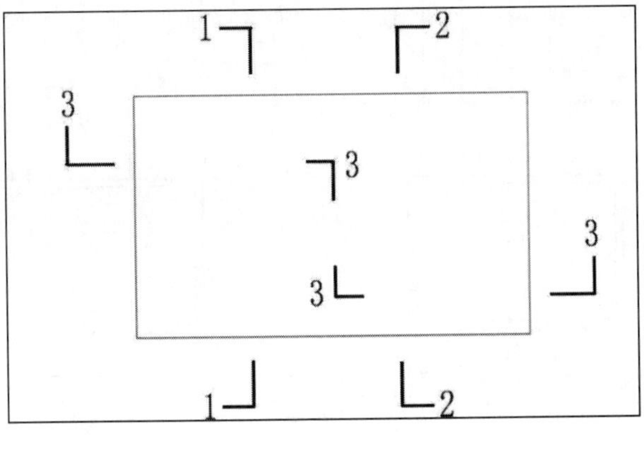

图 2-45

假想水平剖切面的位置不同，剖切到的内容不同，门窗的表示方法也不同。

a.水平剖切面略高于窗台。

b.水平剖切面经过窗，但高于门的上沿。

c.水平剖切面既高于门的上沿，也高于窗的上沿（图2-46、图2-47）。

（3）引出线

① 用途：可用于详图符号或材料、标高等符号的索引。

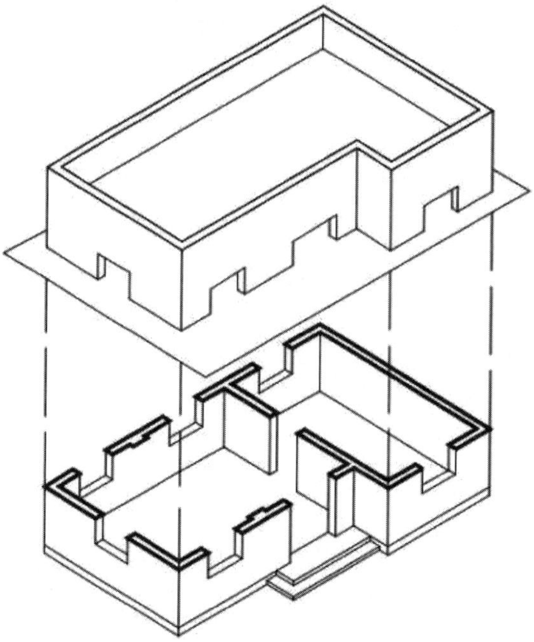

图 2-46

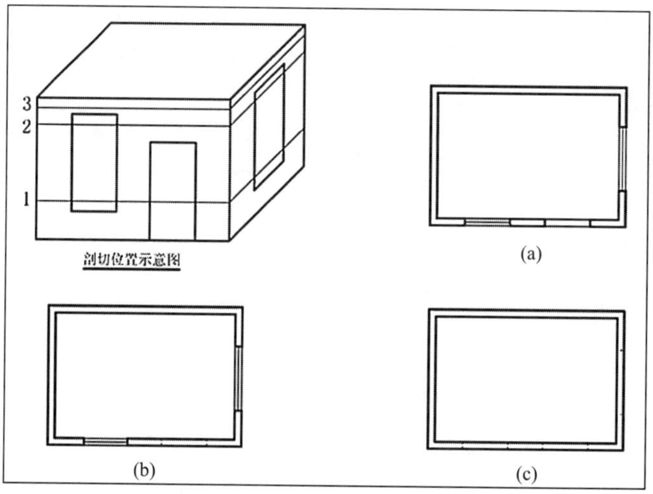

图 2-47

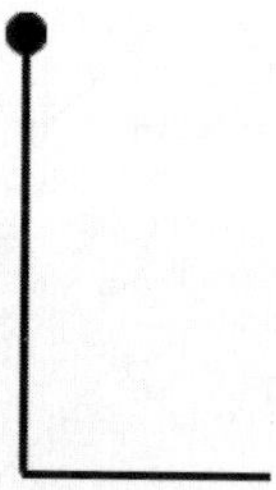

图 2-48

② 尺度：箭头圆点直径为1mm。

圆点尺寸和引线宽度可根据图幅及图样比例调节（图2-48）。

③ 备注：引出线在标注时应保证清晰且有规律，在满足标注准确、功能齐全的前提下，尽量保证图面美观。

常见的几种引出线标注方式见图2-49、图2-50。

（4）立面索引指向符号

① 用途：在平面图内指示立面索引或剖切立面索引的符号。

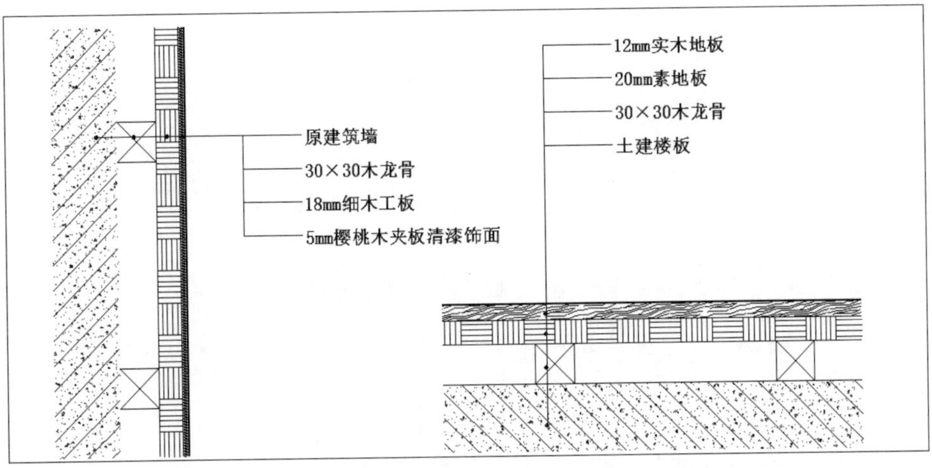

图 2-49

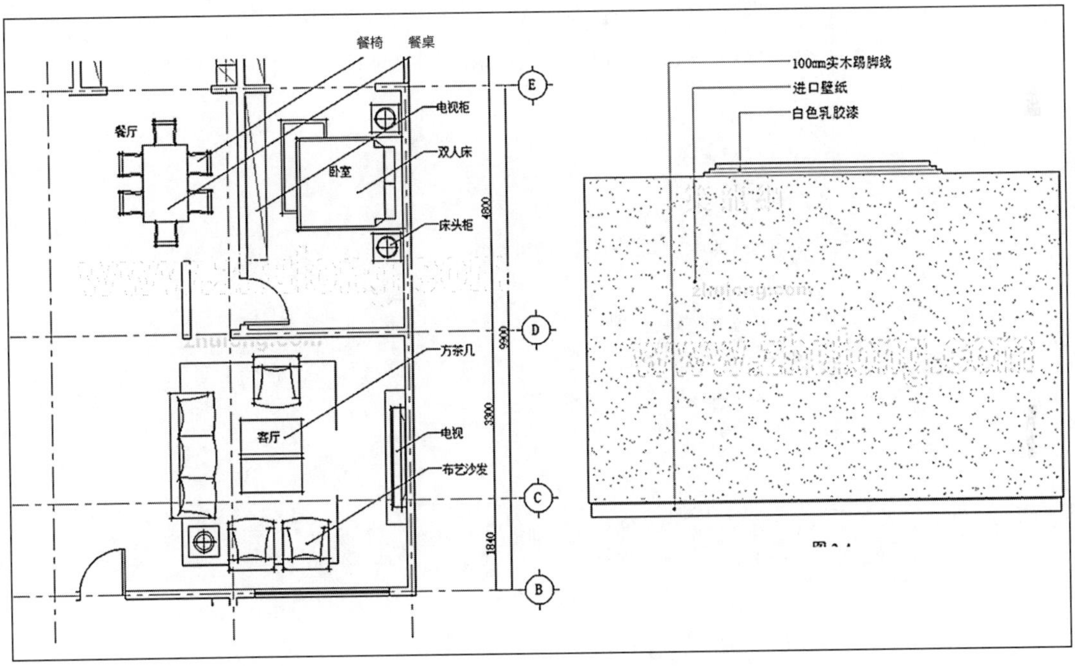

图 2-50

② 尺度：A0、A1、A2图幅剖切索引符号的圆直径为12mm；A3、A4图幅剖切索引符号的圆直径为10mm（图2-51 ～图2-53）。

（5）修订云符号

① 用途：外弧修订云可表示图纸内的修改内容调整范围，内弧修订云可表示图纸内容为正确有效的范围。

② 尺度：绘制方式可参见AutoCAD revcloud命令。

③ 备注：修订云内弧与外弧的尺度可根据绘制的具体内容确定，其形式较随意，但修订日期却可对图纸的修改深化，起到明确的记录作用（图2-54）。

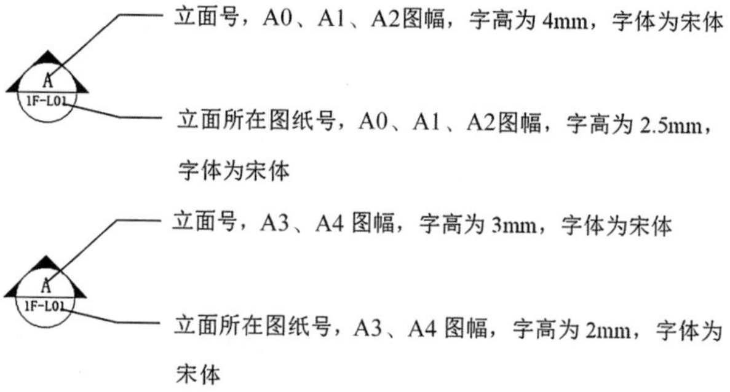

图 2-51

2.4.4 备注：

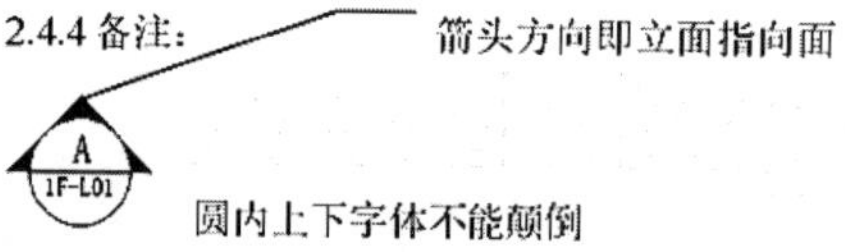

如一幅图内含多个立面时可采用下图形式

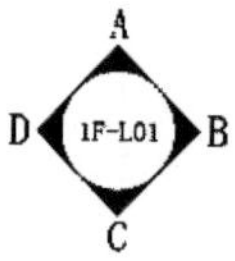

如所引立面在不同的图幅内可采用下图形式

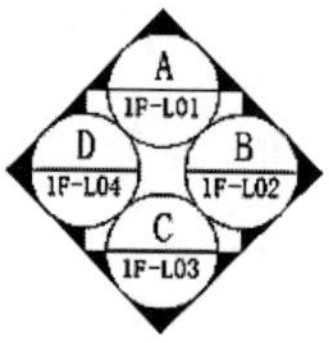

图 2-52

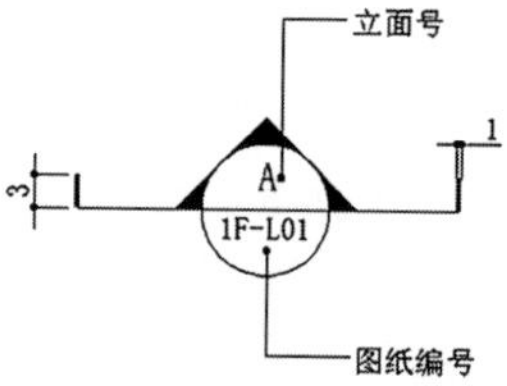

下图符号做为剖立面索引指向

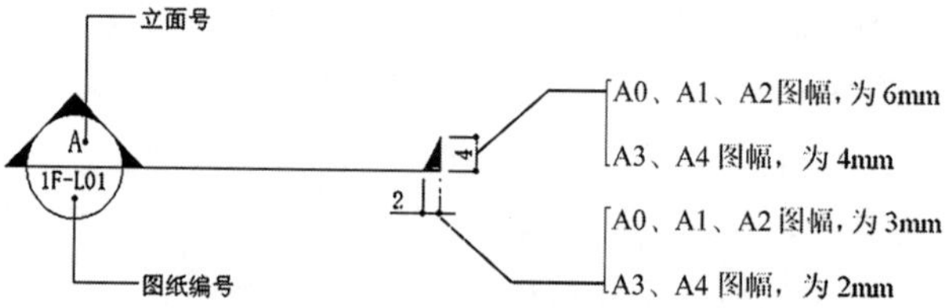

图 2-53

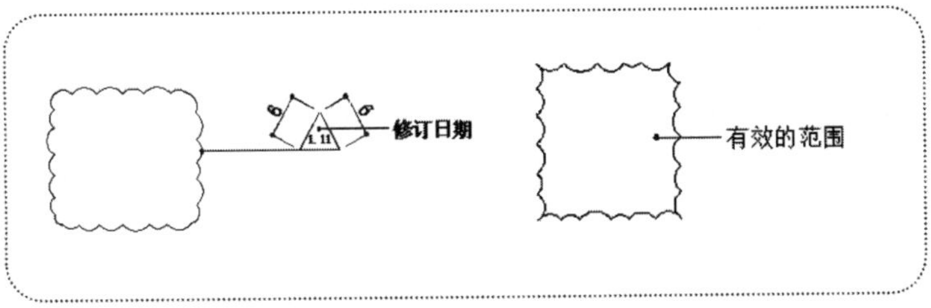

图 2-54

（6）材料索引符号

① 用途：对平面、立面及节点图的饰面材料进行索引，在设计过程中如饰面材料发生变更可只修改材料总表中的材料中文名称，若干张图纸内的材料编号可不必调整。

② 尺度：如图2-55所示。

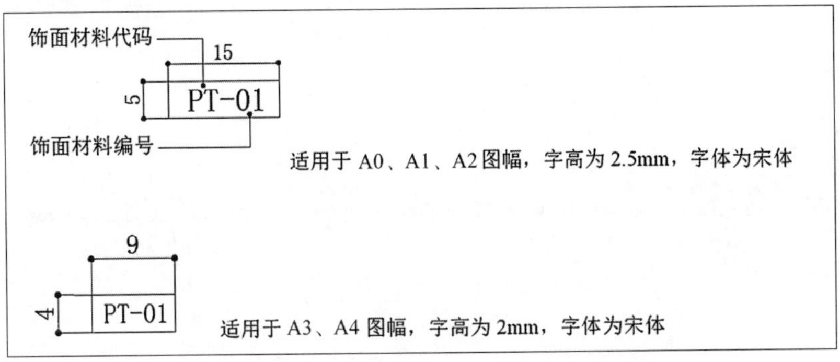

图 2-55

③ 备注：饰面材料代码编号在设计团队内部应有明确规定，个别项目如时间允许也可以在材料编号后补充中文，材料编号不单纯是为了设计修改方便，亦可使施工单位在编号与总表的不断对照中加深对材料及设计的理解，设计团队内部除对饰面材料进行编号外也可以对常用的材料进行归类编号。

（7）标高标注符号

① 用途：用于天花造型及地面的装修完成面高度的表示。

② 尺度：如图2-56、图2-57所示。

③ 备注：符号多用于大样图（图2-58 ～图2-60）。

符号也可用于地面铺装及天花平面（图2-61）。

标高是标注建筑物高度的一种尺寸形式。

标高符号应以等腰直角三角形表示，用细实线绘制，一般以室内一层地坪高度为标高的相对零点位置，低于该点时前面要标上负号，高于该点时不加任何符号。

需要注意的是：相对标高以米为单位，标注到小数点后三位。如标注位置不够，也可按照图2-62所示标注。

标高符号的尖端应指至被标注高度的位置。

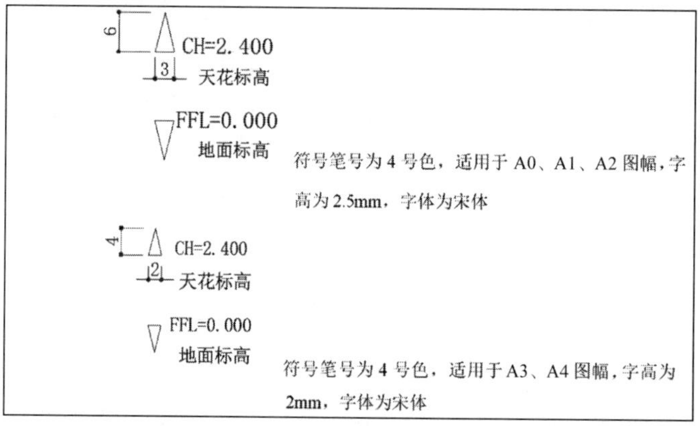

图 2-56

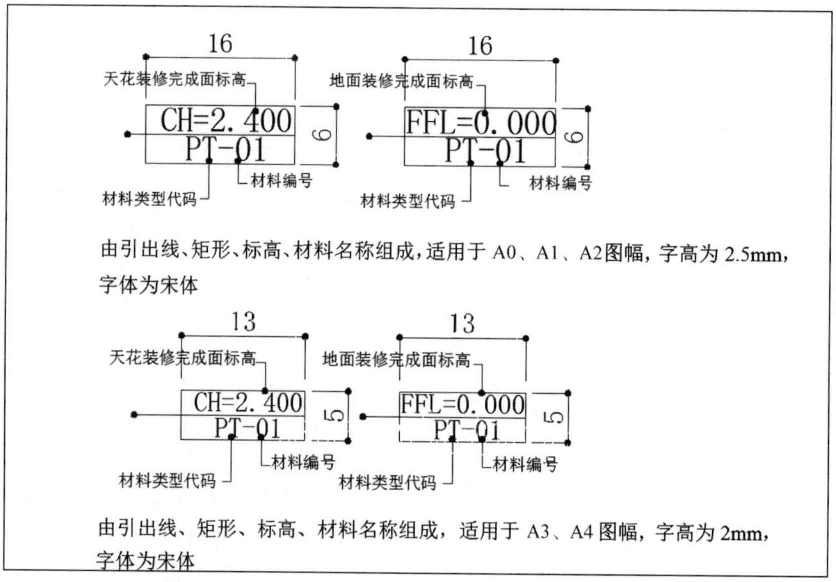

图 2-57

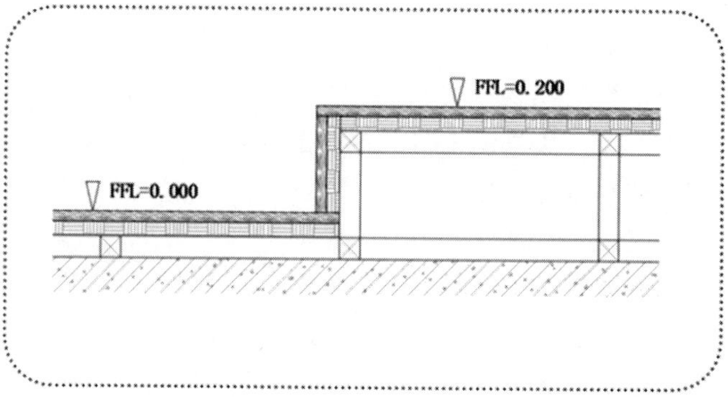

图 2-58

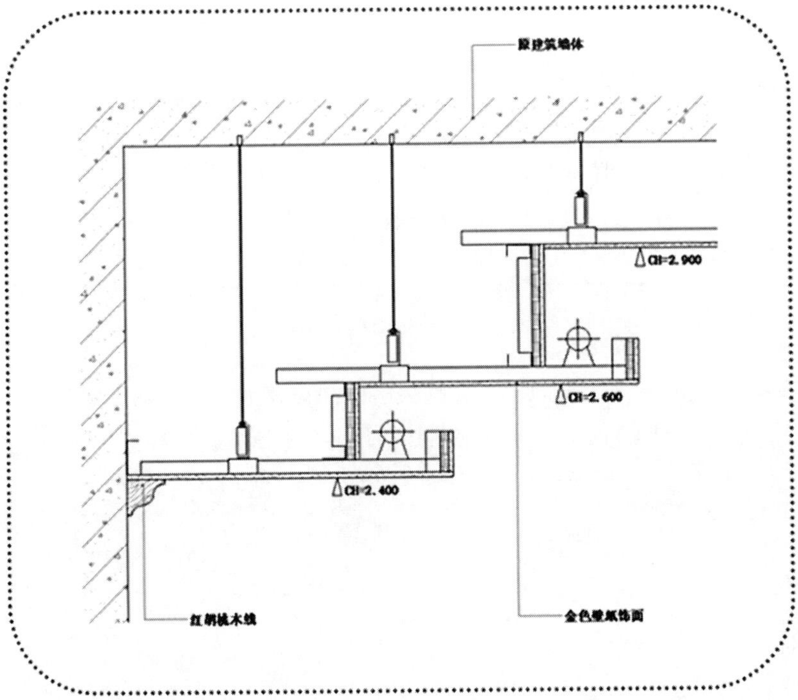

图 2-59

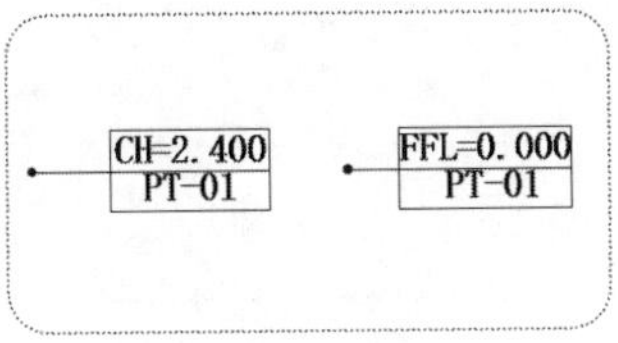

图 2-60

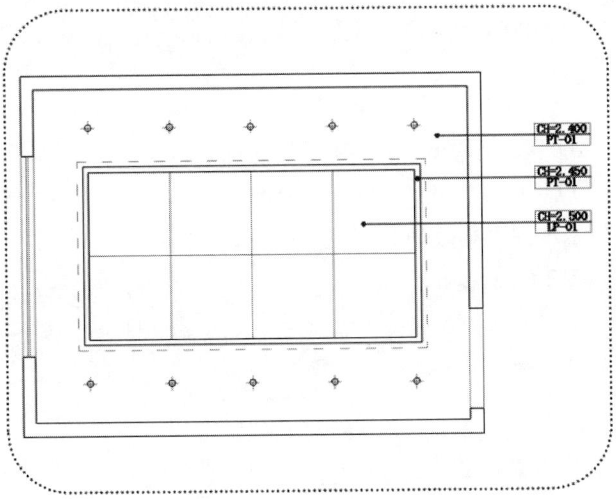

图 2-61

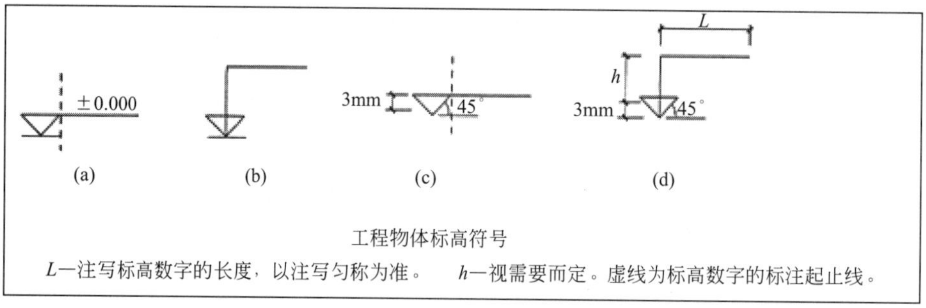

图 2-62

尖端一般应向下，也可向上。标高数字应注写在标高符号的上侧或下侧。在同一位置需表示几个不同标高时，标高数字可按照图2-63的形式注写。

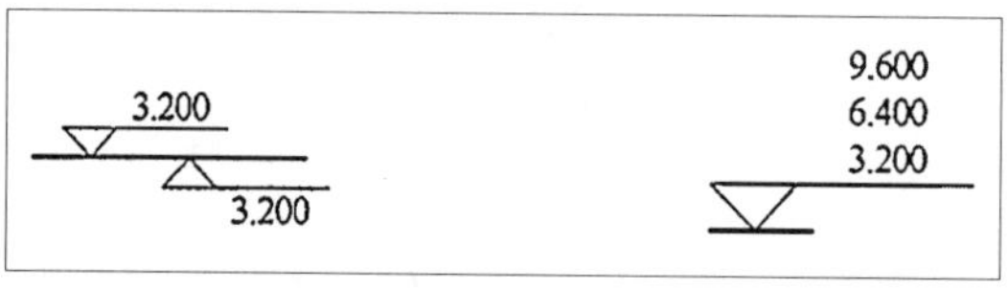

图 2-63

（8）剖断省略线符号

① 用途：用于图纸内容的省略或截选。

② 尺度：如图2-64、图2-65所示。

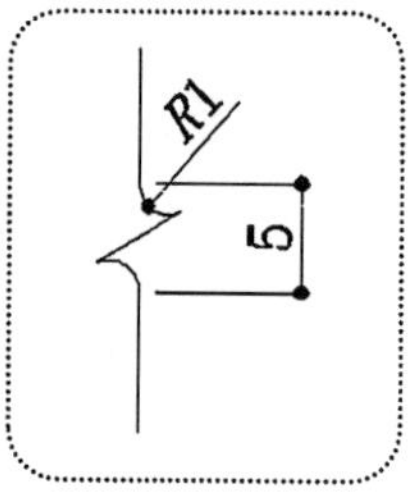

图 2-64

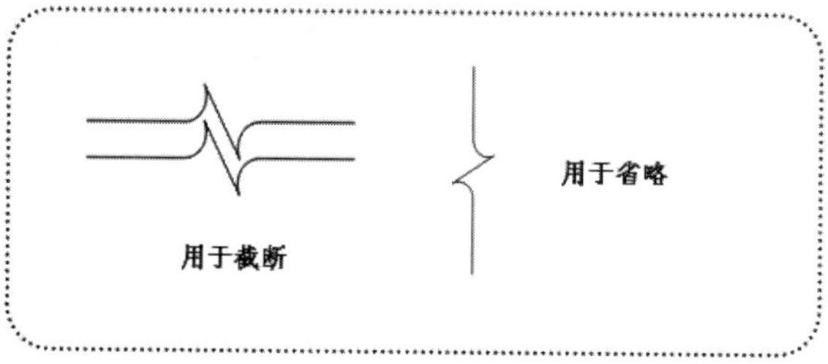

图 2-65

③ 备注：CAD中的使用命令为BREAKLINE。

（9）放线定位点符号

① 用途：用于地面石材、地砖等材料铺装的开线点。

② 尺度：如图2-66所示。

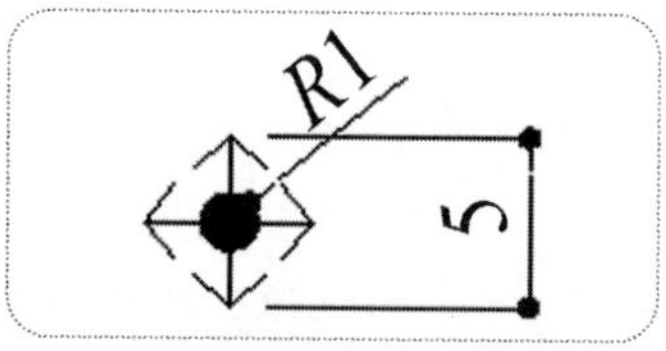

图 2-66

③ 备注：定位点可与建筑轴线关联标注，以便其定位更为准确。

（10）中心线

① 用途：用于图形的中心定位。

② 尺度：如图2-67所示。

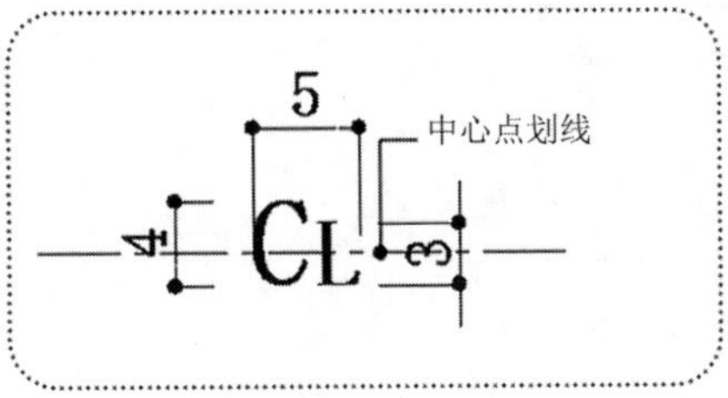

图 2-67

③ 备注：应用方式如图2-68所示。

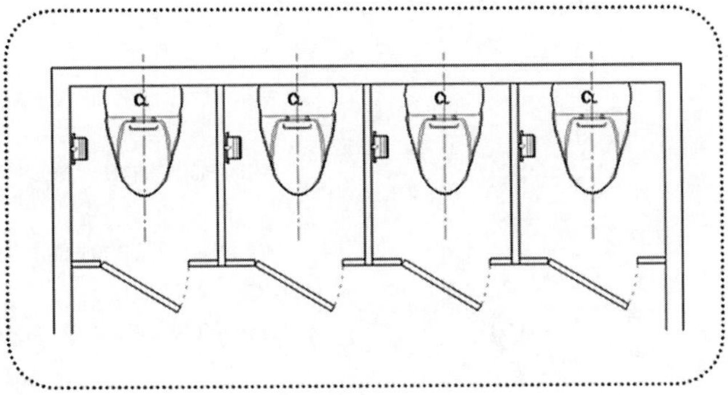

图 2-68

（11）绝对对称符号

① 用途：用于说明图形的绝对对称，也可作图形的省略画法。

② 尺度：如图2-69所示。

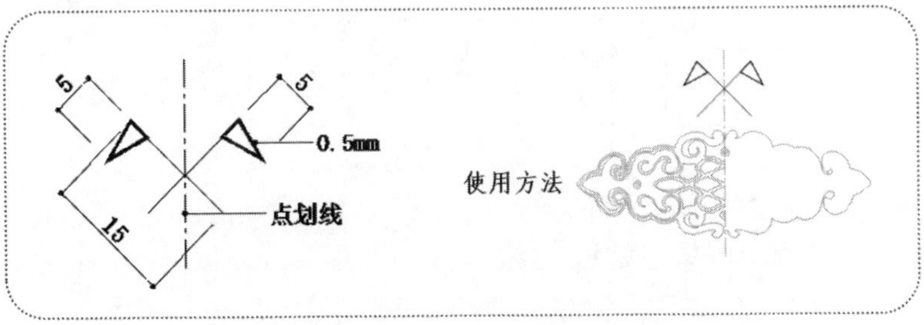

图 2-69

（12）轴线号符号

① 用途：用于表示轴线的定位。

② 尺度：如图2-70所示。

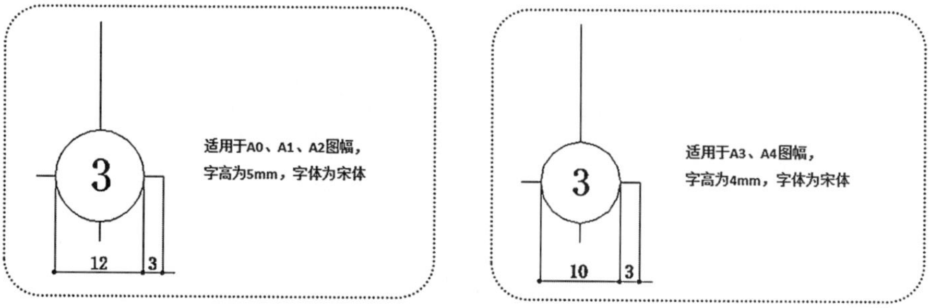

(a) (b)

图2-70

一般承重墙柱及外墙编为主轴线，非承重墙、隔墙等编为附加轴线（又称分轴线）。

两根轴线间的附加轴线，应以分母表示前一轴线的编号，分子表示附加轴线的编号，编号宜用阿拉伯数字顺序编写（图2-71）。

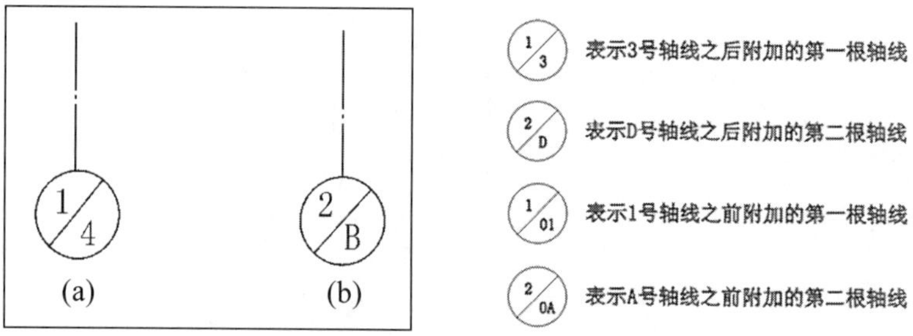

图2-71

③ 备注：平面定位轴线号水平方向采用阿拉伯数字由左至右排序，垂直方向采用大写英文字母由下至上排序（其中I、O、Z三个字母不可使用），见图2-72。

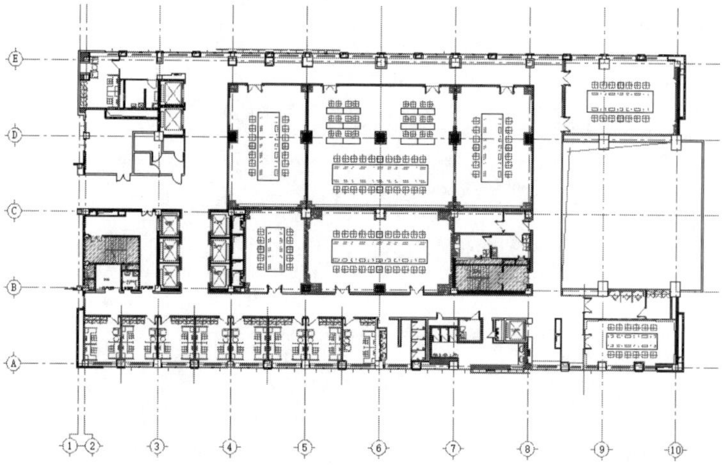

图2-72

（13）灯具索引

① 用途：用于表示灯饰的形式、类别的编号，大写英文字母CL表示灯饰。

② 尺度：见图2-73。

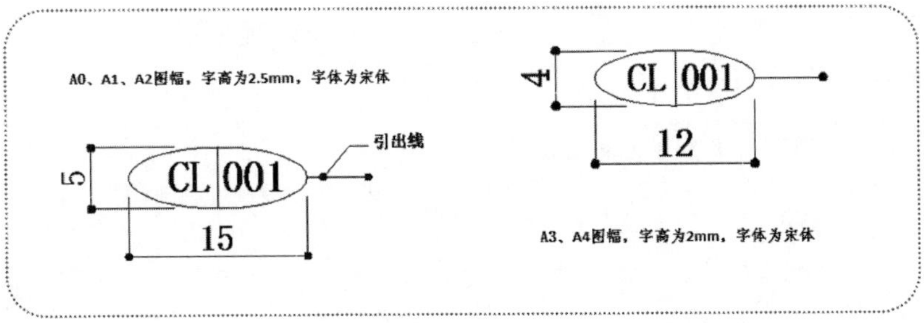

图 2-73

（14）家具索引

① 用途：用于表示各种家具的符号。

② 尺度：见图2-74。

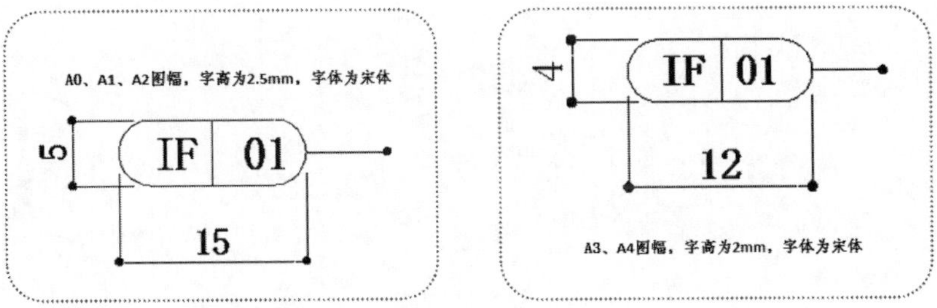

图 2-74

（15）艺术品陈设索引

① 用途：用于表示图中陈设物品（含绘画、陈设物品、绿化等）。

② 尺度：见图2-75。

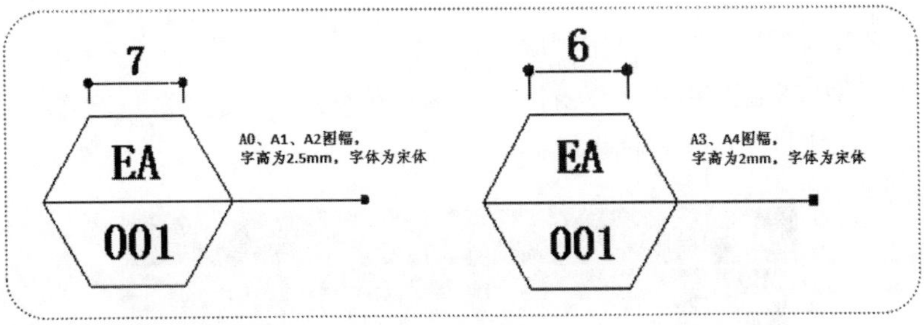

图 2-75

（16）图纸名称

① 用途：用于表示图纸名称及其所在的图号，由圆形、引出线、图纸名称、图纸

号、比例、说明、控制布局线组成。

② 尺度：见图2-76。

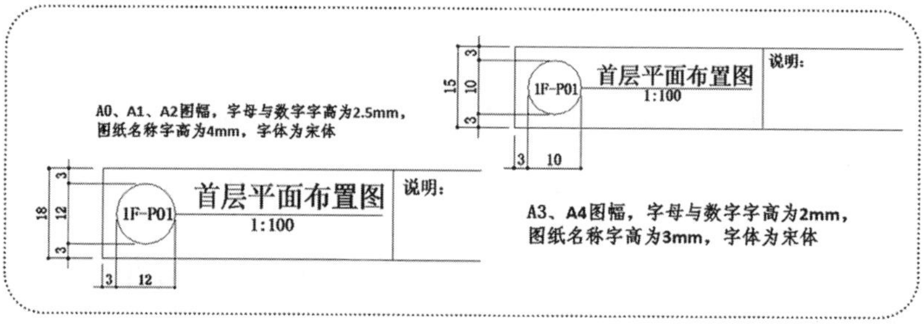

图 2-76

（17）指北针

① 用途：用于表示平面图朝北方向。

② 尺度：细实线圆，直径24mm，指针尾端宽3mm。当采用更大直径圆时，尾端宽应是直径的1/8（图2-77）。

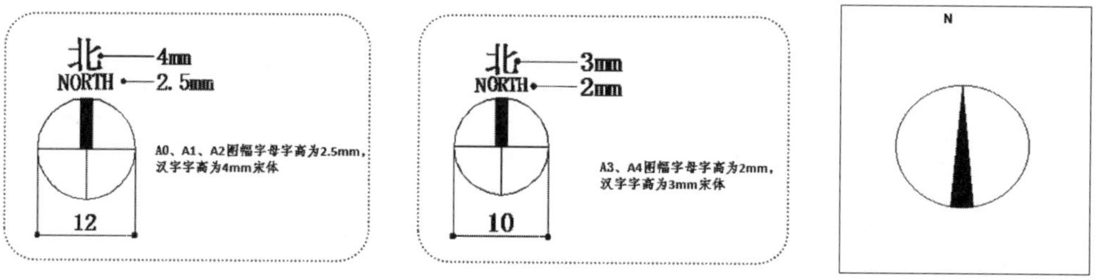

(a) (b) (c)

图 2-77

3. 图面比例的设置

① 图面的比例应为图形与实际物体相对应的线性尺寸之比，比例的大小是指其比值大小。

② 比例的符号为"："，比例应以阿拉伯数字表示。如1 ：1、1 ：2、1 ：10等绘图所用的比例应根据图样的用途及图样的繁简程度来确定。

③ 室内绘图常用的比例见图2-78。

常用比例	1:1、1:2、1:5、1:10、1:20、1:50、1:100、1:150、1:200、1:500、1:1000
可用比例	1:3、1:4、1:6、1:15、1:25、1:30、1:40、1:60、1:80、1:250、1:300、1:400、1:600

图 2-78

④ 室内设计施工图的有关比例见图2-79。

图 名	常用比例
平面图、顶棚图	1:200 1:100 1:50
立面图	1:100 1:50 1:30 1:20
结构详图	1:50 1:30 1:20 1:10 1:5 1:2 1:1

图 2-79

⑤ 应用图样范围如下。

建筑总图：1 ： 1000、1 ： 500。

总平面图：1 ： 100、1 ： 50、1 ： 200、1 ： 300。

分区平面图：1 ： 50、1 ： 100。

分区立面图：1 ： 25、1 ： 30、1 ： 50。

详图大样：1 ： 1、1 ： 2、1 ： 5、1 ： 10。

在布局空间内设置比例，图幅在1 ： 1的情况下，可包含不同比例。

4. 图面的构图

图面内的数字标注、文字标注、符号索引、图样名称、文字说明都应按以下规定执行。

数字标注与文字索引、符号索引尽量不要交叉。

图面的分割形式可因不同内容、数量及比例调整，但构图中图样名称分割线的高度却可依㈤㈤图幅大小而保持一致（图2-80）。

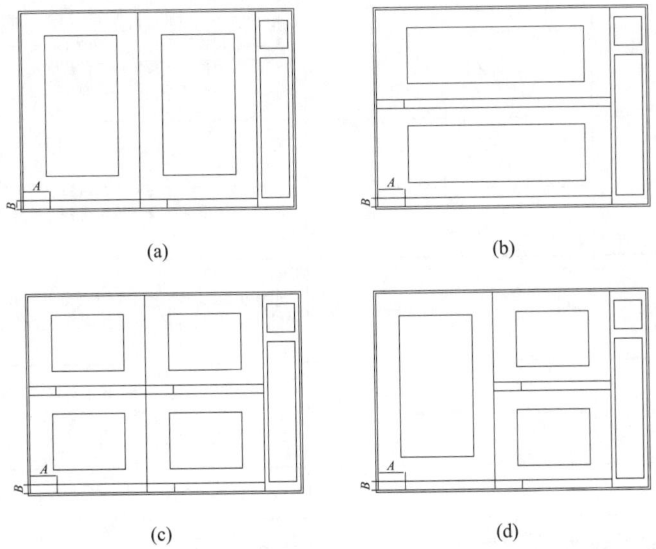

图 2-80

*A*的值可根据图名文字的多少调整，当图幅为A0、A1、A2时*B*的值为18mm，当图幅为A3、A4时*B*的值为15mm。

图面绘制的图样不论其内容有所不同（如同一图面内可包含平面图、立面图或立面图、大样图等）或其比例有所不同（同一图面可包含不同比例），其构图形式都应遵循整齐、均布、和谐、美观的原则。

5. 线型笔宽的设置

线型与笔宽（简称线宽）的设置在工程制图中是很重要的一个环节，它不仅确定了图形的轮廓、形式、内容，同时还表示一定的含义。

图线有粗线、中粗线和细线之分；粗线、中粗线和细线的线宽比为4 ∶ 2 ∶ 1；每个图纸内容应根据复杂程度与比例大小，先确定基本线宽，然后按比例确定其他笔宽，同一张或同一套图纸内相同比例或不同比例的各种图样应选用相同的线宽组（图2-81 ~图2-83）。

线宽比	线宽组					
b	2.0	1.4	1.0	0.7	0.5	0.35
0.5*b*	1.0	0.7	0.5	0.35	0.25	0.18
0.25*b*	0.5	0.35	0.25	0.18	0.18	0.01

图2-81

建筑制图常用图线及其用途

名称	线　型	线宽	用　途
粗实线		*b*	1. 平、剖面图中被剖切的主要建筑构造（包括构配件）的轮廓线； 2. 建筑立面图或室内立面图的外轮廓线； 3. 建筑构造详图中被剖切的主要部分的轮廓线； 4. 建筑构配件详图中的外轮廓线； 5. 平、立、剖面图的剖切符号
中实线		0.5*b*	1. 平、剖面图中被剖切次要建筑构造（包括构配件）的轮廓线； 2. 建筑平、立、剖面图中建筑构配件的轮廓线； 3. 建筑构造详图及建筑构配件详图中的一般轮廓线
细实线		0.25*b*	小于0.5*b*的图形线、尺寸线、尺寸界限、图例线、索引符号、标高符号、详图材料做法和引出线等
中虚线		0.5*b*	1. 建筑构造详图及建筑构配件不可见的轮廓线； 2. 平面图中的起重机（吊车）轮廓线； 3. 拟扩建的建筑物轮廓线
细虚线		0.25*b*	图例线、小于0.5*b*的不可见轮廓线
粗单点长划线		*b*	起重机（吊车）轨道线
细单点长划线		0.25*b*	中心线、对称线、定位轴线
折断线		0.25*b*	不需要画全的断开界线
波浪线		0.25*b*	不需要画全的断开界线、构造层次的断开界线

注：地平线的线宽可用1.4*b*

图2-82

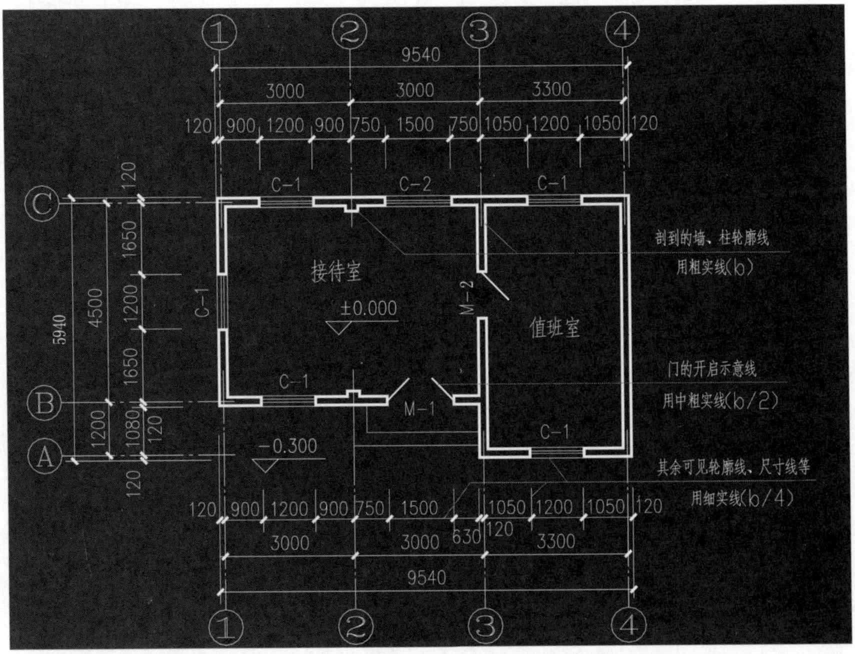

图 2-83

6. 电脑图层的设定

电脑图层的设定可提高制图效率，方便图纸文件的相互交流，甚至对于深化图纸设计也有很大的帮助。此外前面提到的线型与笔宽的设定也可随图层的属性一同调整，在布局空间或模型空间内开关图层可便于图纸内容的修改核对。

在电脑绘图的过程中经常会插入其他设计公司的图层图块，为了避免其他图层图块与本设计单位的图层掺杂在一起不方便查找，可假设本设计单位的图层均以阿拉伯数字“0”开头，排在电脑图层的最前面，同时可保障公司内部的图层名称连在一起，方便查找编辑（图2-84）。

图层的设置				
图层名称		线形	色号	备注
图签	0-000 图签	Continuous	色号可调	可制成母图便于修改
轴线	0-100 轴线	Center	8号	注意线型尺寸的调整
墙	0-110 承重墙、柱	Continuous	4号	
	0-111 非承重墙	Continuous	色号可调	
	0-112 加建隔墙	Continuous	色号可调	在填充图例内注明隔墙的材料属性
	0-113 装修完成面	Continuous	色号可调	所有饰面材料的最终外轮廓线
门	0-120 门	Continuous	色号可调	注意对应门表
	0-121 门墙	Continuous	色号可调	注意在平面和天花图层之间的开关
窗	0-130 窗	Continuous	色号可调	注意对应窗表
标注	0-140 标注	Continuous	色号可调	可据图面要求分层设置，如在布局空间内标注也可不必分过多的层
吊顶	0-150 吊顶	Continuous	色号可调	
	0-151 天花灯饰	Continuous dashed	8号	
	0-152 灯槽	dashed	8号	注意线型尺寸的调整

(a)

图 2-84

图层的设置				
图层名称		线形	色号	备注
地面	0-160 地面铺装	Continuous	8号	
	0-161 室外附建部分	Continuous	色号可调	
	0-163 楼梯	Continuous	色号可调	
	0-170 活动家具	Continuous dashed	8号	
	0-171 固定家具	Continuous dashed	色号可调	
家具	0-1 72 到顶家具	Continuous dashed	色号可调	
	0-173 绿化 陈设	Continuous	色号可调	
	0-174 洁具	Continuous	色号可调	
立面	0-180 立面	Continuous dashed	色号可调	
机电	0-190 机电	Continuous	色号可调	包含烟感、喷淋等专业图层
默认层	DEFPOINTS	Continuous	色号可调	此图层打印时不显示
这里用0-000 索引的目的是当在作图过程中，如有其他图层插入时可以使预设好的图层排列在前端。			4号线宽0.6mm；8号线0.15mm；其余线形均为0.3/适用于A2、A1、A0	
			4号线宽0.5mm；8号线0.9mm；其余线形均为0.25/适用于A4、A3	
图层共分以上几部分，当每部分需要细化时，可在此基础上进行设定新图层。			图内文字及标注字高为"2.5"/适用于A4、A3	
			图内文字及标注字高为"3"/适用于A2、A1、A0	
图纸完成后应核对各图层的开关情况，核对图纸的比例与标注是否对应。				

(b)

图 2-84

以下为图例范例。

（1）常用材料图例（图2-85）。

序号	名称	图例	备注
1	自然土壤		包括各种自然土壤
2	夯实土壤		
3	砂、灰土		靠近轮廓线绘制较密的点
4	砂砾石、碎砖三合土	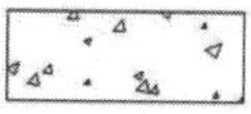	
5	石　材		应注明大理石或花岗岩及光洁度
6	毛　石		应注明石料块面大小及品种
7	普通砖		包括实心砖、多孔砖、砌块等砌体。断面较窄不易绘出图例线时，可涂红

序号	名 称	图 例	备 注
8	新砌普通砖	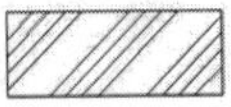	包括实心砖、多孔砖、砌块等砌体。断面较窄不易绘出图例线时，可涂红
9	轻质砌块砖	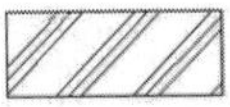	指非承重砖砌体
10	耐 火 砖		包括耐酸砖等砌体
11	轻钢龙骨纸面石膏板隔墙	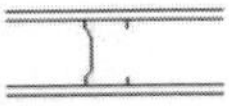	
12	饰 面 砖		包括铺地砖、马赛克、陶瓷锦砖、人造大理石等
13	焦渣、矿渣	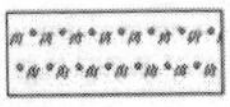	包括与水泥、石灰等混合而成的材料
14	混 凝 土	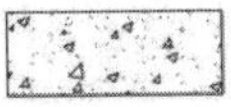	1．本图例指能承重的混凝土及钢筋混凝土； 2．包括各种强度等级、骨料、添加剂的混凝土
15	钢筋混凝土		3．在剖面图上画出钢筋时，不画图例线； 4．断面图形小，不易画出图例线时，可涂黑
16	多孔材料	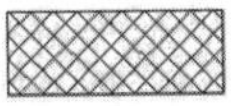	包括水泥珍珠岩、沥青珍珠岩、泡沫混凝土、非承重加气混凝土、软木、蛭石制品等
17	纤维材料	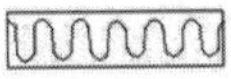	包括矿棉、岩棉、玻璃棉、麻丝、木丝板、纤维板等
18	泡沫塑料材料	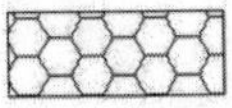	包括聚苯乙烯、聚乙烯、聚氨脂等多孔聚合物类材料
19	松散材料	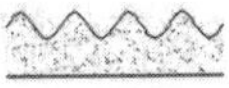	应注明材料名称

图 2-85

序号	名称	图例	备注
20	密度板	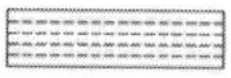	应注明厚度
21	实　木	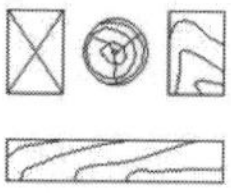	1．上图为横断面，上左图为垫木、木砖或木龙骨； 2．下图为纵断面
22	胶合板		应注明为×层胶合板，材种
23	细木工板	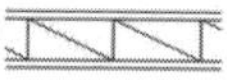	应注明厚度
24	饰面板		应注明材种
25	木地板		应注明材种
26	石膏板	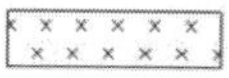	包括圆孔、方孔石膏板、防水石膏板等； 应注明厚度
27	金　属	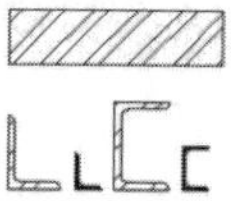	1．包括各种金属； 2．图形小时，可涂黑

图2-85

（2）装饰构造图例（图2-86）。

序号	名称	图例	说明
1	墙　体		应加注文字或填充图例表示墙体材料，在项目设计图纸说明中列材料图例表给予说明
2	平面高差	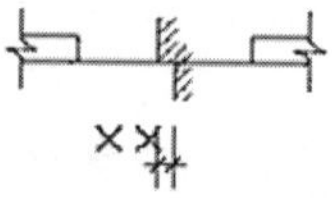	适用于高差小于１００的两个地面或楼面相接处

序号	名 称	图 例	说 明
3	坡　道	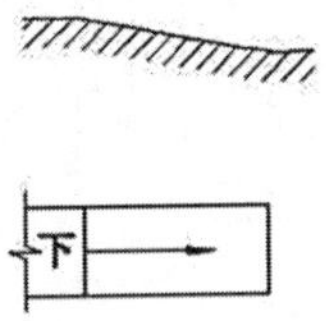 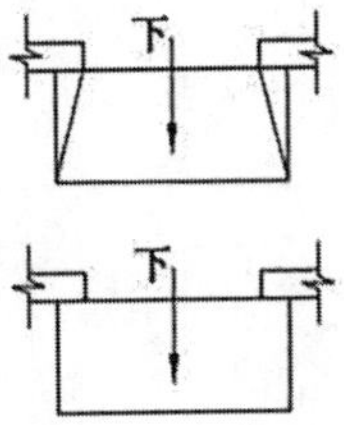	上图为长坡道，下图为门口坡道
4	检查孔		左图为可见检查孔； 右图为不可见检查孔
5	孔　洞		阴影部分可以涂色代替
6	坑　槽		
7	烟　道	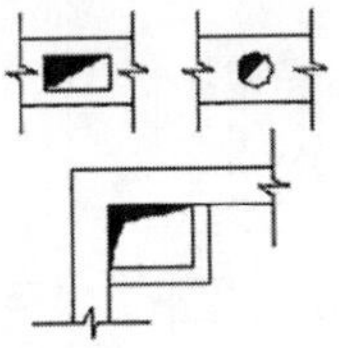	1. 阴影部分可以涂色代替； 2. 烟道与墙体为同一材料，其相接处墙身线应断开
8	通风道	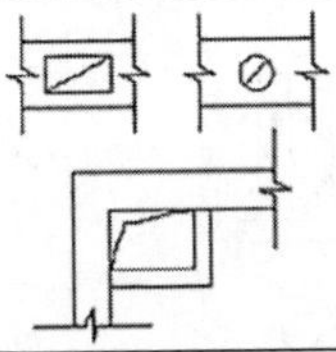	
9	应拆除的墙	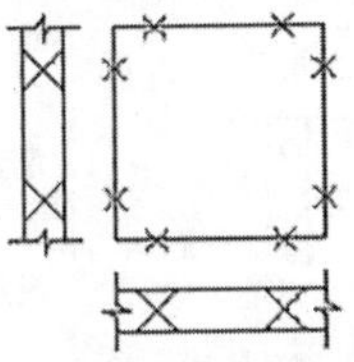	

图 2-86

序号	名称	图例	说明
10	在原有墙或楼板上新开的洞	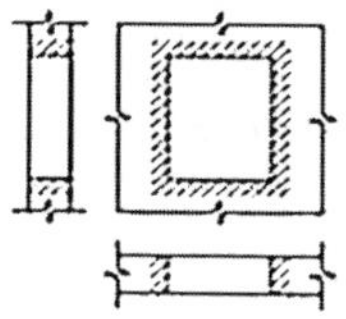	
11	在原有洞旁扩大的洞	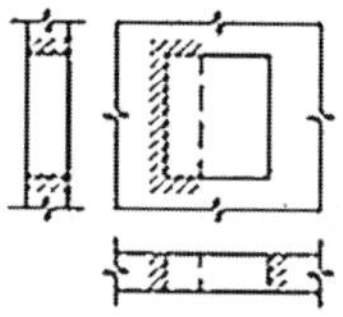	
12	在原有墙或楼板上全部填塞的洞	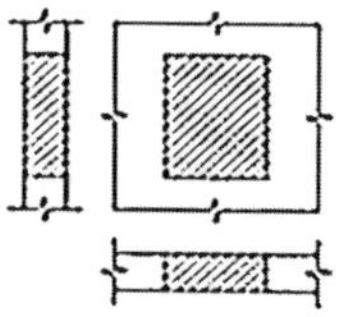	
13	在原有墙或楼板上局部填塞的洞	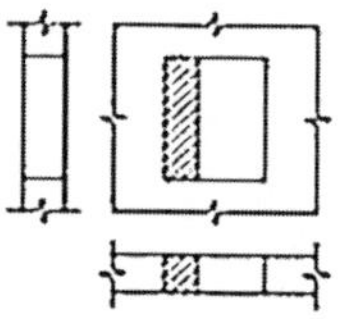	
14	空门洞	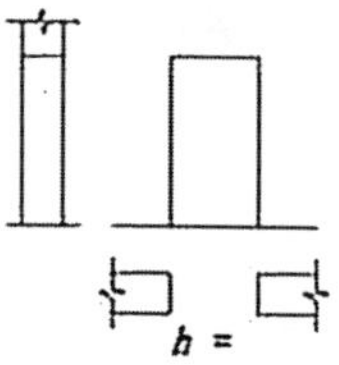	h 为门洞高度
15	单扇门（包括平开或单面弹簧）	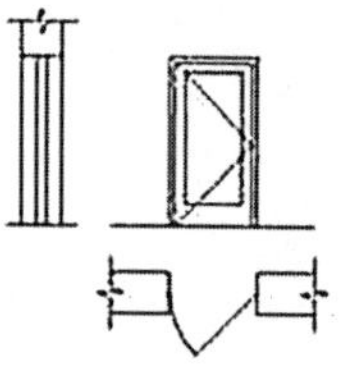	1．门的名称代号用M； 2．图例中，剖面图所示左为外、右为内，平面图所示下为外、上为内； 3．立面图上开启方向线交角的一侧为安装合页的一侧，实线为外开，虚线为内开； 4．平面图上门线应90°或45°开启，开启弧线宜绘出； 5．立面上的开启线在详图及室内设计图上应标示； 6．立面形式应按实际情况绘制
16	双扇门（包括平开或单面弹簧）	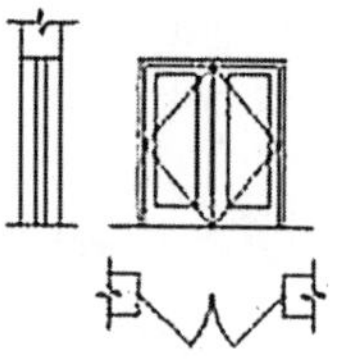	
17	对开折叠门	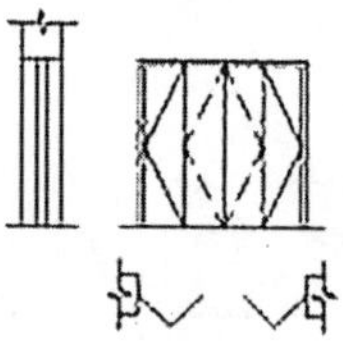	

<table>
<tr><th>序号</th><th>名 称</th><th>图 例</th><th>说 明</th></tr>
<tr><td>18</td><td>单扇双面弹 簧 门</td><td>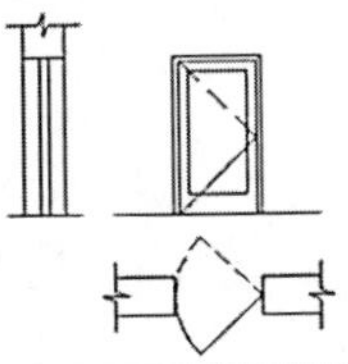</td><td rowspan="4">1．门的名称代号用M；
2．图例中，剖面图所示左为外、右为内，平面图所示下为外、上为内；
3．立面图上开启方向线交角的一侧为安装合页的一侧，实线为外开，虚线为内开；
4．平面图上门线应90°或45°开启，开启弧线宜绘出；
5．立面上的开启线在详图及室内设计图上应标示；
6．立面形式应按实际情况绘制</td></tr>
<tr><td>19</td><td>双扇双面弹 簧 门</td><td>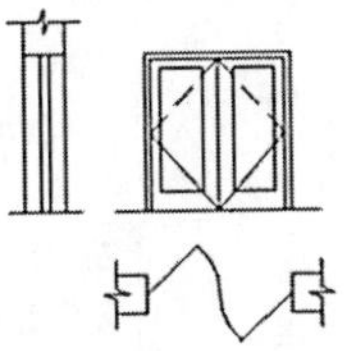</td></tr>
<tr><td>20</td><td>单扇内外开双层门（包括平开或单面弹 簧 ）</td><td>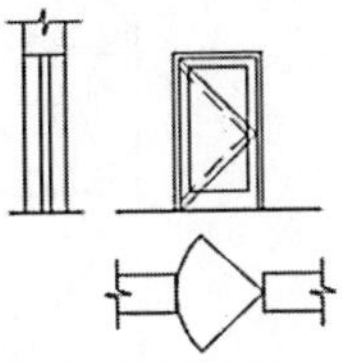</td></tr>
<tr><td>21</td><td>双扇内外开双层门（包括平开或单面弹 簧 ）</td><td>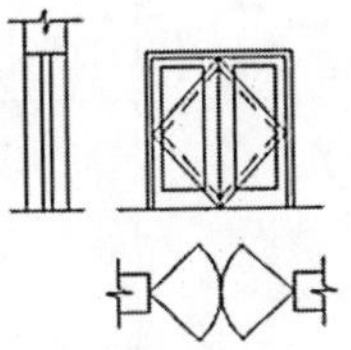</td></tr>
<tr><td>22</td><td>推 拉 门</td><td>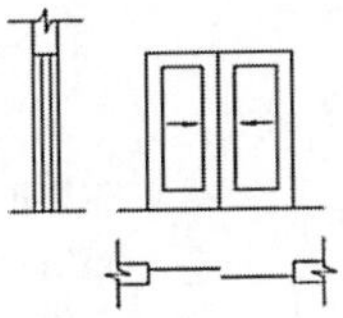</td><td rowspan="2">1．门的名称代号用M；
2．图例中，剖面图所示左为外、右为内，平面图下为外、上为内；
3．立面形式应按实际情况绘制</td></tr>
<tr><td>23</td><td>自 动 门</td><td>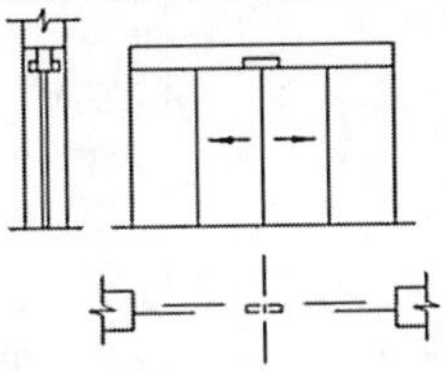</td></tr>
<tr><td>24</td><td>转 门</td><td>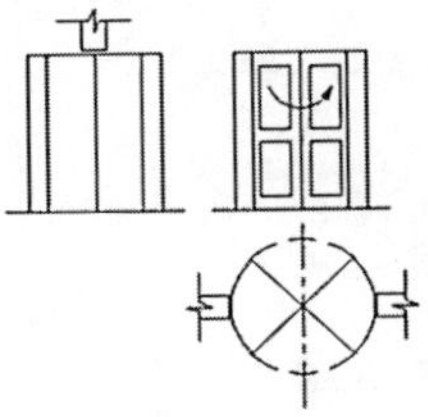</td><td>1．门的名称代号用M；
2．图例中，剖面图所示左为外、右为内，平面图下为外、上为内；
3．平面图上门线应90°或45°开启，开启弧线宜绘出；
4．立面上的开启线在详图及室内设计图上应标示；
5．立面形式应按实际情况绘制</td></tr>
</table>

图 2-86

序号	名称	图例	说明
25	单层固定窗	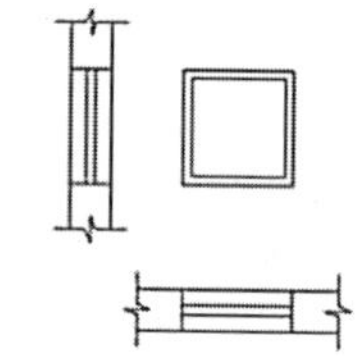	1．窗的名称代号用C； 2．立面图中的斜线表示窗的开启方向，实线为外开，虚线为内开；开启方向线交角的一侧为安装合页的一侧； 3．图例中，剖面图所示左为外、右为内，平面图所示下为外、上为内； 4．窗的立面形式应按实际绘制； 5．小比例绘图时平、剖面的窗线可用单粗实线表示
26	单层外开上悬窗	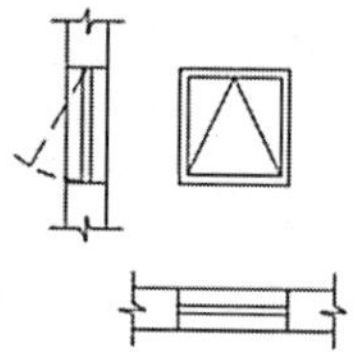	
27	单层中悬窗	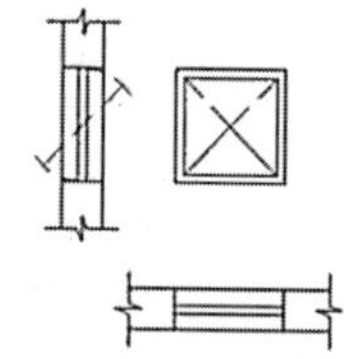	
28	单层外开平开窗	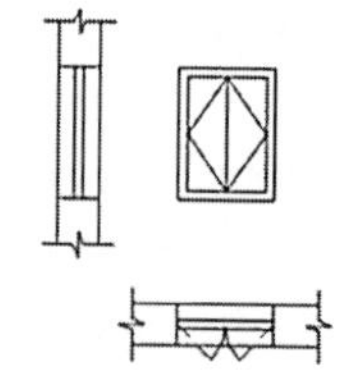	1．窗的名称代号用C； 2．立面图中的斜线表示窗的开启方向，实线为外开，虚线为内开；开启方向线交角的一侧为安装合页的一侧； 3．图例中，剖面图所示左为外、右为内，平面图所示下为外、上为内； 4．窗的立面形式应按实际绘制； 5．小比例绘图时平、剖面的窗线可用单粗实线表示； 6．h 为窗底距本层楼地面的高度
29	单层内开平开窗	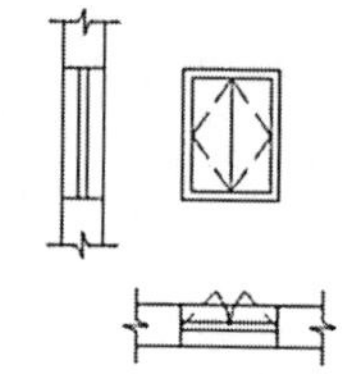	
30	推拉窗	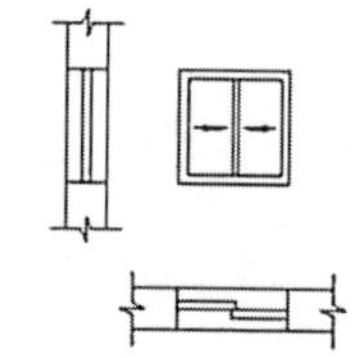	
31	高窗	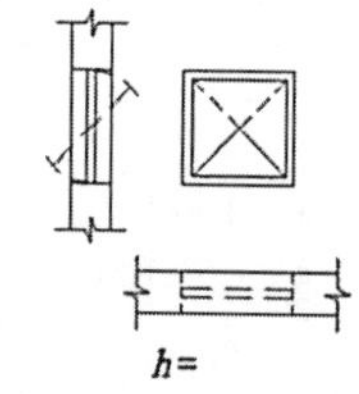	

图2-86

（3）常用卫生设备及水池图例（图2-87）

序号	名 称	图 例
1	立式脸盆	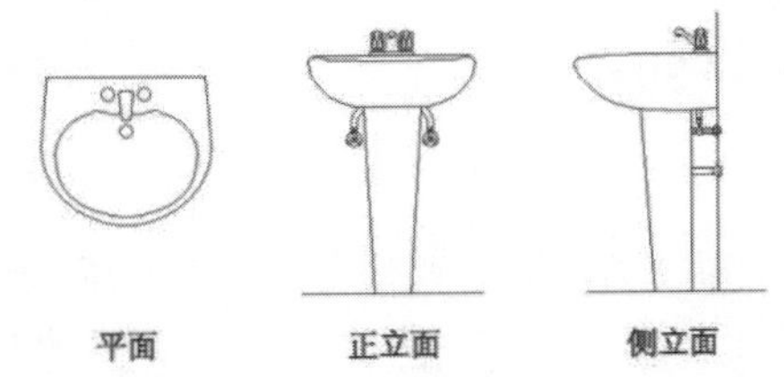平面 正立面 侧立面
2	台式脸盆	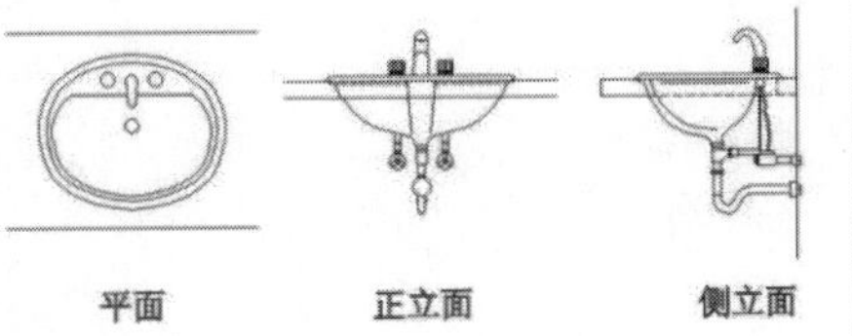平面 正立面 侧立面
3	挂式脸盆	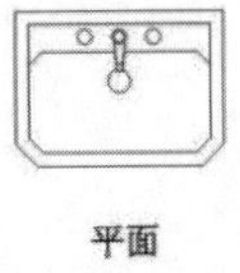平面
4	浴 缸	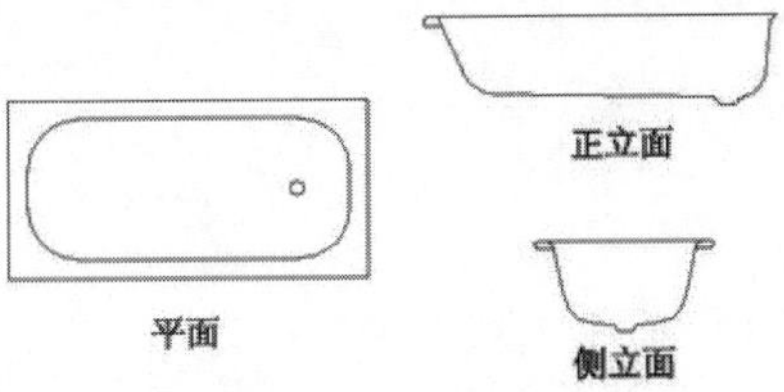正立面 平面 侧立面
5	冲 淋 房	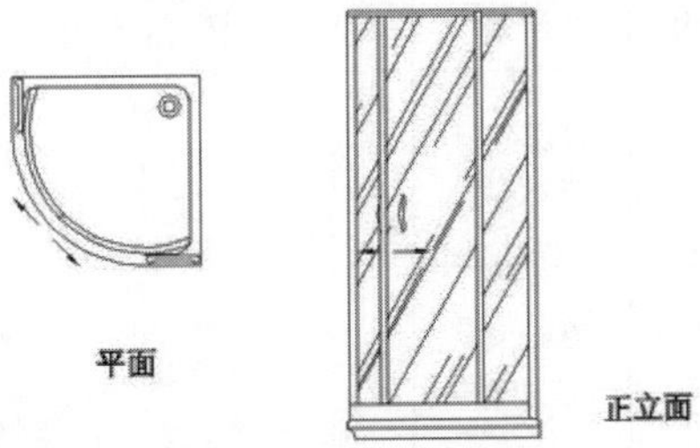平面 正立面
6	冲 淋 盆	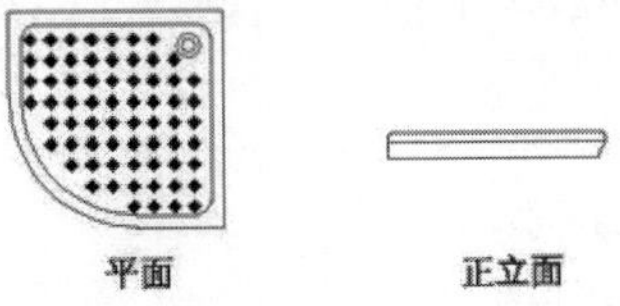平面 正立面

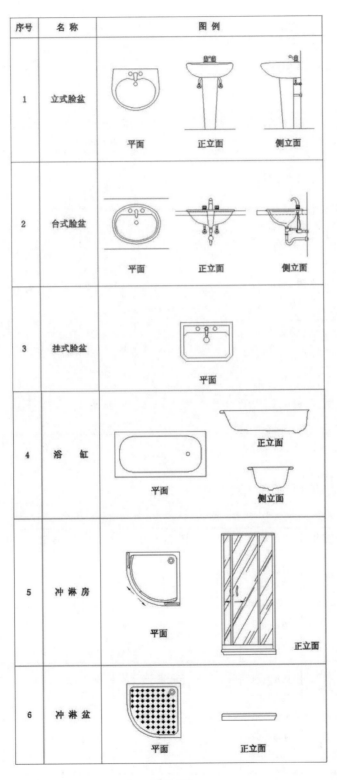

图 2-87

（4）常用灯光照明图例（图2-88）

序号	名 称	图 例	序号	名 称	图 例
1	艺术吊顶		9	格栅射灯	
2	吸 顶 灯		10	300×1200 日 光 灯 光灯管以虚线表示	
3	射 墙 灯		11	600×600 日 光 灯	
4	冷光筒灯 （注明）		12	暗 灯 槽	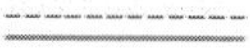
5	暖光筒灯 （注明）		13	壁 灯	
6	射 灯		14	水 下 灯	
7	导轨射灯		15	踏 步 灯	

图2-88

（5）常用开关、插座图例（图2-89）

序号	名 称	图 例	备 注
1	插座面板 （正立面）		
2	电话接口 （正立面）		
3	电视接口 （正立面）		
4	单联开关 （正立面）		

序号	名 称	图 例	备 注
5	双联开关（正立面）		
6	三联开关（正立面）		
7	四联开关（正立面）		
8	地 插 座（平 面）	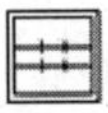	
9	二 极 扁圆插座		暗装，高地2.0m，供排气扇用
10	二 三 极 扁圆插座		暗装，高地1.3m
11	二三极扁圆地插座		带盖地装插座
12	二 三 极 扁圆插座		暗装，高地0.3m
13	二 三 极 扁圆插座		暗装，高地2.0m
14	带开关二三极插座		暗装，高地1.3m
15	普 通 型 三极插座		暗装，高地2.0m，供空调用电

图 2-89

7. 平面、立面、剖立面图及节点大样图的绘制及相关标准

前面的章节中已经介绍过施工图主要图纸的概念、绘制方法以及注意事项等问题，这里从制图标准与规范的角度再进行细化讲解，以便大家在今后的学习及工作中能够举一反三、灵活应用。

（1）平面图

室内平面图主要表示空间的平面形状、内部分隔尺度、地面铺装、家具布置、天花灯位等。

① 室内平面图的命名。平面图作为室内设计的基础条件，就其功能而言可分为以下若干种。

a.总平面图：说明建筑总体平面布局关系，同时也可作为分区平面索引之用。

b.分区平面图：分区平面图就其体现的具体内容可以分为若干种，具体设计项目繁简功用不同可有增减。分区平面图包括建筑平面图、地面铺装材料平面图、家具布置平面图、陈设绿化布置图、立面索引平面图、天花造型平面图、天花灯具位置平面图、地面机电插座布置平面图、天花综合设备图、下水暖气等设备位置平面图、机电开关连线平面图。

c.建筑平面图：现有建筑平面（承重墙、非承重墙），新增建筑隔墙，现有建筑顶部横梁与设备状况。

d.地面铺装材料平面图：确定地面不同装饰材料的铺装形式与界限，确定铺装材料的开线点即铺装材质起始点，异形铺装材料的平面定位及编号，可表示地面材质的高差。

e.家具布置平面图：家具在平面上的布置大致可分为固定家具、活动家具、到顶家具，具体家具可参见相应的图例列表。

f.陈设绿化布置平面图：在平面布置中的艺术品陈设及绿化等可参见相应的图例列表。

g.立面索引平面图：用于表示立面及剖立面的指引方向。

h.天花造型平面图：用于表示天花造型起伏高差、材质及其定位尺度。

i.天花灯具位置平面图：用于灯具定位。

j.地面机电插座布置平面图：地面插座及立面插座开关等位置平面。

k.天花综合设备图：各相关专业加烟感喷淋空调风口等设备位置的定位。

l.下水、暖气等设备位置平面图：下水点位、暖气等设备位置的定位。

m.机电开关连线平面图：开关控制各空间灯具的连线平面图。

② 平面图绘制过程中应注意的问题。

a.比例：建筑物形体较大，因此其绘制比例较小，平面图常用比例为1 ： 50、1 ： 100、1 ： 200等，比例在布局空间内设定。

b.图例符号：图例及相关描述符号。

c.定位轴线：关于轴线及其编号的描述。

d.图线：图线的线宽设置、线型设置、电脑图层的设置。

e.门窗编号：建筑设计图纸上门窗一般都有编号，室内设计可依据设计需要对其进行编配。

f.尺寸标注：平面图应根据其表达内容来进行标注，需定位时应尽量与建筑轴线关联。

g.文字标注：应注明图名、比例及材料名称等相关内容。

h. 平面图的画图步骤如图2-90所示。

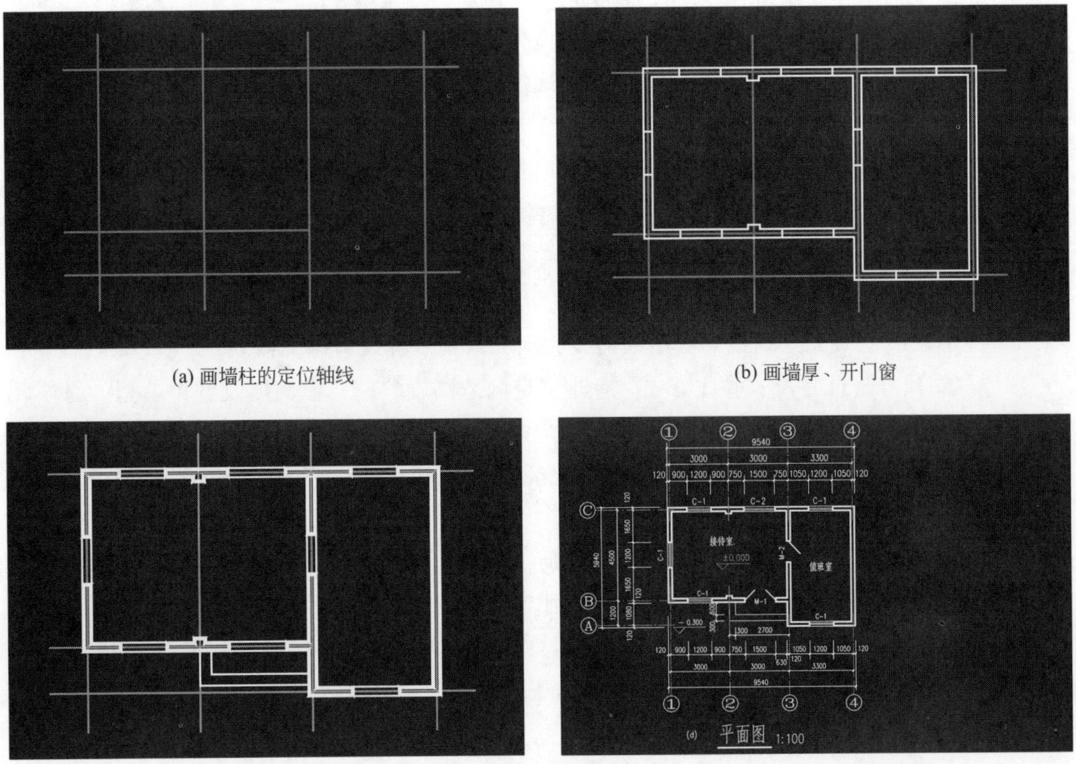

(a) 画墙柱的定位轴线

(b) 画墙厚、开门窗

(c) 加重、画细

(d) 标注尺寸、图名及比例

图 2-90

(2) 立面图

立面图应根据其空间名称、所处楼层等确定其名称。

立面图在绘制过程中应注意的问题如下。

① 比例：室内立面图可因其空间尺度及所表达内容的深度来确定其比例，常用比例为1 ∶ 25、1 ∶ 30、1 ∶ 40、1 ∶ 50、1 ∶ 100等。

② 定位轴线：在室内立面图中轴线号与平面图相对应。

③ 图线：立面外轮廓线为粗实线，门窗洞、立面墙体的转折等可用中实线绘制，装饰线脚、细部分割线、引出线、填充等内容可用细实线。立面活动家具及活动艺术品陈设应以虚线表示。

注：立面外轮廓线应为装修完成面，即饰面装修材料的外轮廓线。

④ 尺寸标注：立面图中应在布局空间中注明纵向总高及各造型完成面的高度，水平尺寸应与定位轴线关联。

⑤ 文字标注：立面图绘制完成后，应在布局空间内注明图名、比例及材料名称等相关内容。

(3) 剖立面图

剖立面图可将室内吊顶、立面、地面装修材料完成面的外轮廓线明确表示出来，为下步节点详图的绘制打下基础。

剖立面图在绘制过程中应注意的问题如下：

① 比例：剖立面图比例可与立面图相同。

② 图例符号：剖立面图比例较小，门窗、机电位置可用图例表示，符号索引参见本书前面章节的内容。

③ 定位轴线：在剖立面中，凡被剖切到的承重墙柱都应画出定位轴线，并注写与平面图相对应的编号，立面图中一些重要的构造造型，也可与定位轴线关联标注以保证其他定位的准确性。

④ 图线：在剖立面图中，其顶、地、墙外轮廓线为粗实线，立面转折线、门窗洞口可用中实线，填充分割线等可用细实线，活动家具及陈设可用虚线表示。

⑤ 尺寸标注：A—垂直尺寸，应注明空间总高度、门、窗高度及各种造型，材质转折面高度，注明机电开关，插座高度。

B—水平尺寸，注明承重墙，柱定位轴线的距离尺寸。注明门、窗洞口间距，注明造型、材质转折面间距。

⑥ 文字标注：材料或材料编号内容应尽量在尺寸标注界线内，应对照平面索引注明立面图编号、图名以及图纸所应用的比例。

⑦ 立面图和剖立面图主要区别：剖立面图中需画出被剖的侧墙及顶部楼板和顶棚等，而立面图是直接绘制垂直界面的正投影图，画出侧墙内表面，不必画侧墙及楼板等。

（4）节点大样详图

详图是室内设计中重点部分的放大图和结构做法图。一个工程需要画多少详图、画哪些部位的详图要根据设计情况、工程大小以及复杂程度而定。

相对于平面、立面、剖面图的绘制，节点大样详图有比例大、图示清楚、尺寸标注详尽、文字说明全面的特点。

节点大样详图在绘制过程中应注意的问题如下：

① 比例：大样详图所用的比例视图形自身的繁简程度而定，一般采用1 ∶ 1、1 ∶ 2、1 ∶ 5、1 ∶ 10、1 ∶ 20、1 ∶ 25、1 ∶ 30、1 ∶ 50等。

② 材质图例与符号：材质图例参见本书“项目二　知识模块”部分的内容。例如从某张立面图索引出的节点详图，其详图下方图号应为此张立面图的图号，这样从立面到详图或从详图索引到立面相互查找都比较方便。

③ 图线：大样详图的装修完成面的轮廓线应为粗实线，材料或内部形体的外轮廓线为中实线，材质填充为细实线。

④ 尺寸标注与文字标注：节点大样详图的文字与尺寸标注应尽量详尽。

技能模块：
精装住宅施工图实操（B级能力）

基本目标

B级能力的完成需要两个部分：第一个就是掌握施工图的知识内容，第二个就是施工图实操中的能力拓展项的熟练操作。通过分组实操的形式，教师拟订课题，让同学配合完成一整套完备的施工表现任务图纸，以达到企业对施工图纸绘制的基本要求。

它对应的是施工图实操过程中解决关键问题的能力分项，这些能力分项可主要归纳为：施工图相关模版的调用、施工图格栅参照及图层、施工图布局设置及应用、施工图绘制方法及应用、施工图多重视口的设置这5点。

达到了B级能力的要求，也就具备了施工图的中级能力，能够完成中等难度的施工图文件绘制的任务，并能够驻场设计，在行业内完成施工图助理设计的岗位工作。

学习指导

本课程模块开始，同学进入完整施工图实操阶段，要求实操前预习，阅读课程内容文件；上课过程中进行施工图实际任务制作，对图纸任务进行绘制，并按既定小组协作，配合学习；利用课余时间以小组为单位先互相沟通并解决问题，疑难问题汇总上报，教师利用答疑时间集中共性问题并分要点逐一讲解。按国家相关规范及标准进行施工图的绘制，具体参照课程相关操作。

实操技能测验：

根据项目一“实操技能测验”所绘制施工图平面，继续深化设计，按规范绘制地面铺装图、天花平面图、立面索引图，绘制主要立面（2 ～ 4个）、剖面及所需表达的重要节点内容（共2 ～ 4个），并储存为DWG格式，最终输出JPG格式文件（A3规格）上交。上交数量：7 ～ 11张（个）。

参考答案：

按该户型内容深化设计制作出规定的3个类型施工图平面（地面铺装图、天花平面图、立面索引图）及规定数量的施工图立面、剖面及节点，由于设计内容具有一定的主观性，所以具体分数由教师组按本技能模块要求标准评判给定。

讨论：

谈谈本技能模块的拓展的技能点还有哪些。

除了本技能模块的5个主要技能点以外，请同学们思考涉及的相关内容或命令，并把它们逐一整理并排列出来。

技能点1：施工图相关模板的调用

7．施工图纸模板文件

模板的应用是施工图绘制的重要组成部分，对提高施工图实战中的绘制效率很有益处。目前应用的施工图的模板来源于以下三种方式。

① 个人创建制作模板。根据个人需求设置相关内容，如名称、线型、图层等。应注意以下内容要素：图层明确；颜色、线型、线宽规范。

② 调用整套完整的模型文件。在界面中调用已经制作完成的同类型的文件，类比制作新模型，通过匹配快捷键“MA”方式统一图层与线型。

③ 应用企业成型的模板文件。一般装饰企业都有成型标准文件模板，图块模型与线型已经设置完备，只需在对应的图层制作即可（图2-91）。

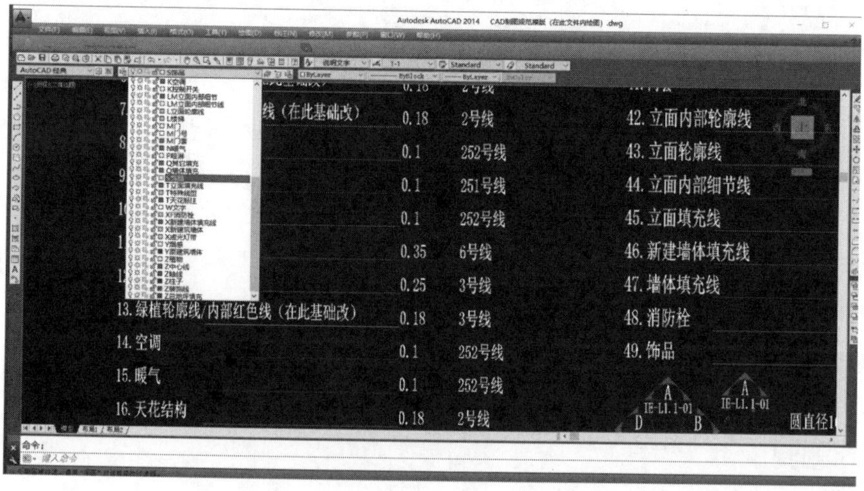

图2-91

此三种方式推荐直接应用成型企业的模板文件，本项目实操前先对任务资源进行下载与准备。

技能点2：施工图格栅参照及图层

本部分重点在于强调整套图纸制作的图层的区分，这是施工图绘制的一个重要基础环节，可以参照以下的步骤提示进行实操。

1. 建筑墙体定位轴图层的设置

① 选择模板中的轴线图层或指定某图层为轴线图层。

② 打开“图层控制”，选择对应轴线图层，置为当前（图2-92）。

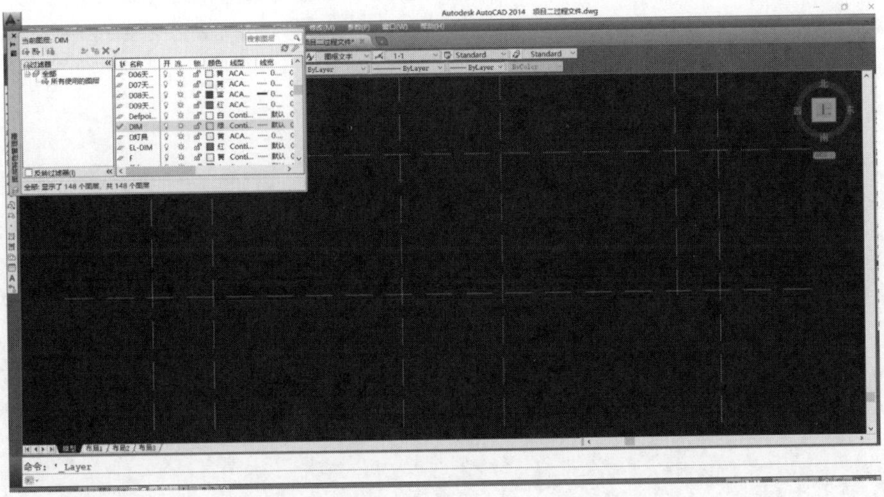

图2-92

2. 跟随图层

① 绘制一条直线（轴线）。

② 打开“颜色控制”，在“ByLayer”和“ByBlock”选项中，点选“ByLayer”（图2-93）。

③ 绘制其他的轴线。

3. 轴线制图过程

① 画直线“L”，置为当前图层。

② 偏移“OFF”或“O”。

③ 偏移数值为墙体厚度的一半（中轴线偏移）。

④ 更改墙体图层颜色（墙体图层设置及绘制方法同轴线层）。

⑤ 显示或隐藏轴线，保留墙体（图2-94）。

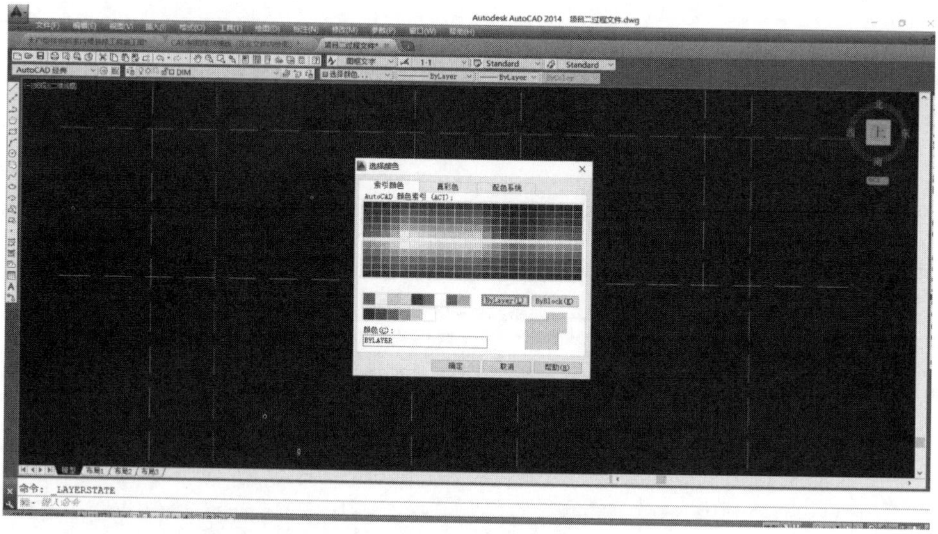

图2-93

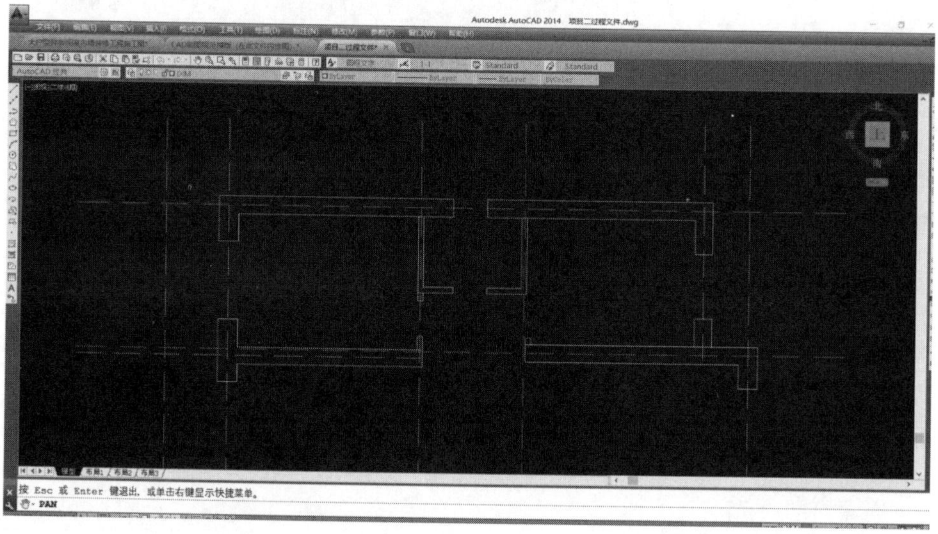

图2-94

4. 导入格栅图

有时候需要将图片导入CAD模型界面作为辅助参照来绘图，导入格栅图的方法步骤如下。

① 菜单栏选“插入”点“光栅图像参照”。

② 导入参照图片，调整大小和位置。

③ 在模型界面进行参照绘制（图2-95）。

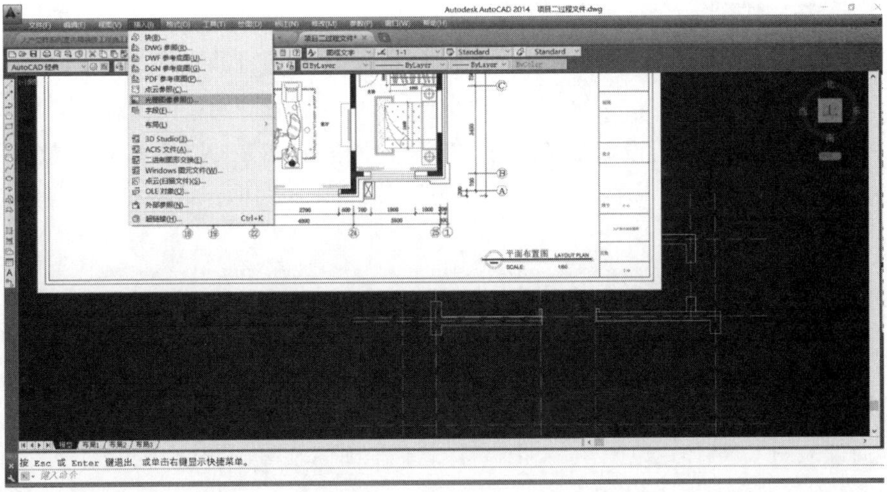

图 2-95

技能点3：施工图布局设置及应用

整套施工图纸在模型中制作完成后需要在布局图框中显示出来，并最终导出出图文件格式。

1. 图层隐藏

① 在同一墙体下制作新模型，隐藏完成的模型。

② 模型制作完毕，所有图层重叠交织显示。

③ 通过图层隐藏来显示某一图纸模型内容（图2-96）。

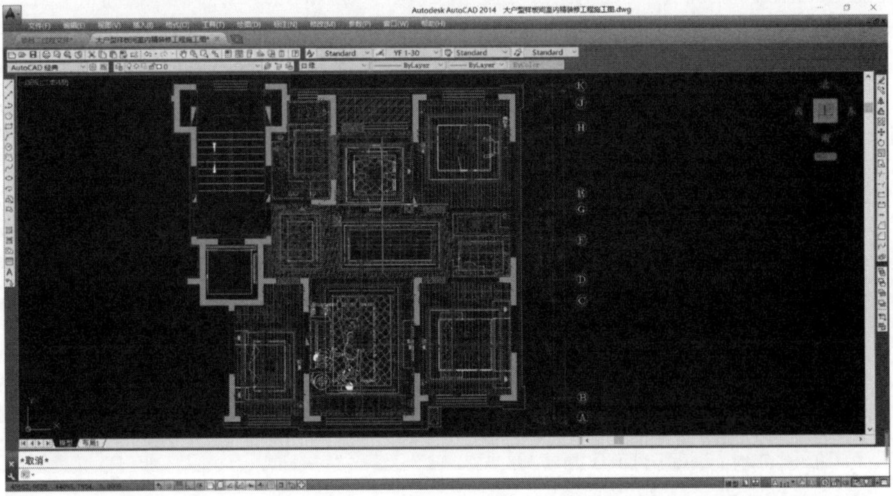

图 2-96

2. 布局排列

① 复制粘贴（“Ctrl+C”、“Ctrl+V”）“图框模板”至当前布局界面。

② 模型导入布局图框：快捷命令“MV”（“F3”捕捉，图框内侧对角点）。

③ 双击图框内进行设定布局比例：“Z”→空格→“S”→空格→1/*X*（数值）。

④ 双击图框外进行锁定，（按“Ctrl+1”）锁定布局图框，单击右键“显示锁定”选择“是”。

⑤ 复制布局图纸（根据展示图纸的数量）。

⑥ 双击进入图框内，显示要展示类型图纸的图层，“DD”隐藏其余图层（注：快捷键“DD”设置详见下文“自定义快捷键”）。

⑦ 快捷键“DD”操作其他布局图纸（方法同上）逐步显示“天棚布置图”，显示“地面铺装图”“墙体定位图”“天花布置图”“地面铺装图”（图2-97）。

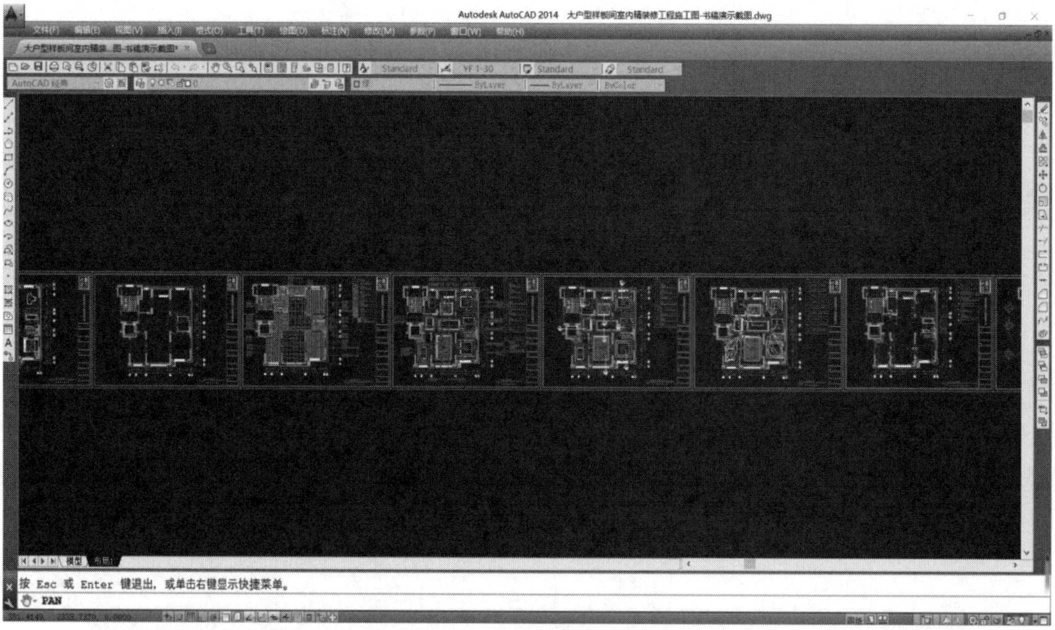

图 2-97

3. 自定义快捷键

8. CAD 快捷键设置

① 下载给定的“CAD快捷键设置”程序记事本。

② 选择“菜单栏→工具→自定义→编辑程序参数”，打开“编辑程序参数”（快捷键设置程序）对话框（图2-98）。

③ 打开下载的“CAD快捷键设置”程序记事本，复制图2-99所示内容。

④ 打开并粘贴到对应的“编辑程序参数”对话框（注意粘贴至“Z”的后面），并保存记事本（图2-100）。

⑤ 关闭CAD，重启后设置成功。

⑥ 也可在图层中进行隐藏或显示。

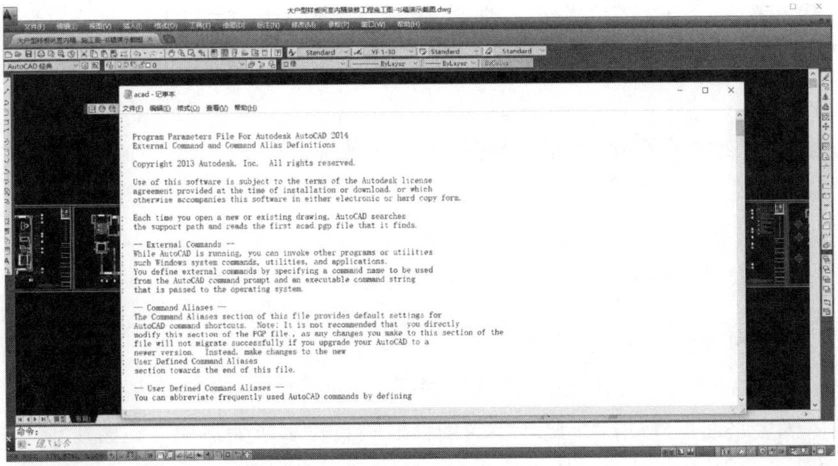

图 2-98

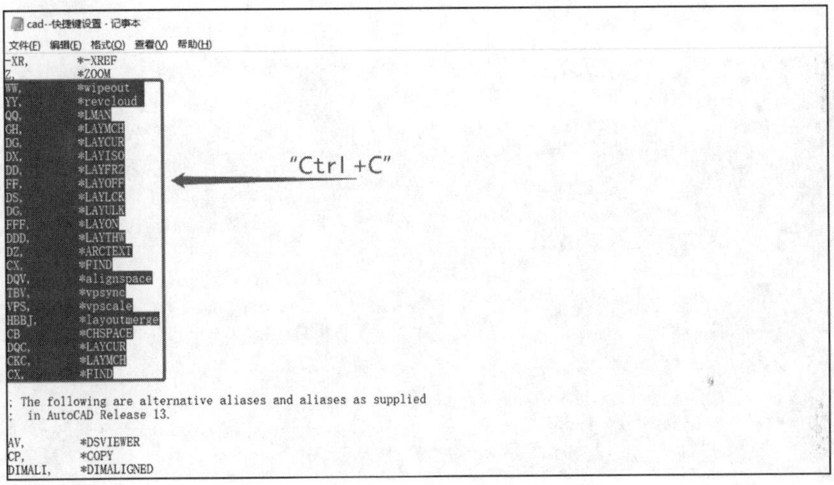

图 2-99

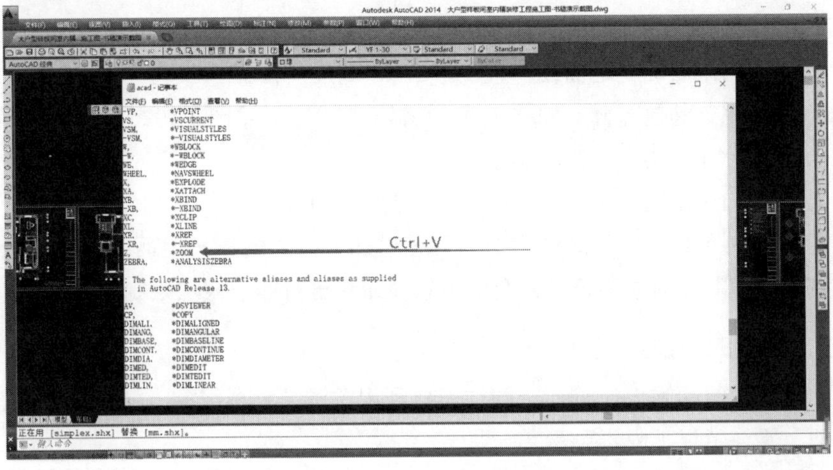

图 2-100

技能点4：施工图绘制方法及应用

施工图中绘制各个部分图纸所遵循的方法如下。

① 立面是基于平面基础之上引申绘制的；

② 剖面是基于立面基础之上引申绘制的；

③ 节点大样是基于剖面基础之上引申绘制的（节点大样是剖面的局部放大）。

1. 立面的引线画法

需要利用关键节点引线的方法进行绘制，并遵循以下内容要素。

① 确定平面位置朝向，旋转平面到立面垂直投影所能对应的位置（根据立面绘制方向旋转平面，从平面引垂线使所绘立面底部平行绘图界面），见图2-101。

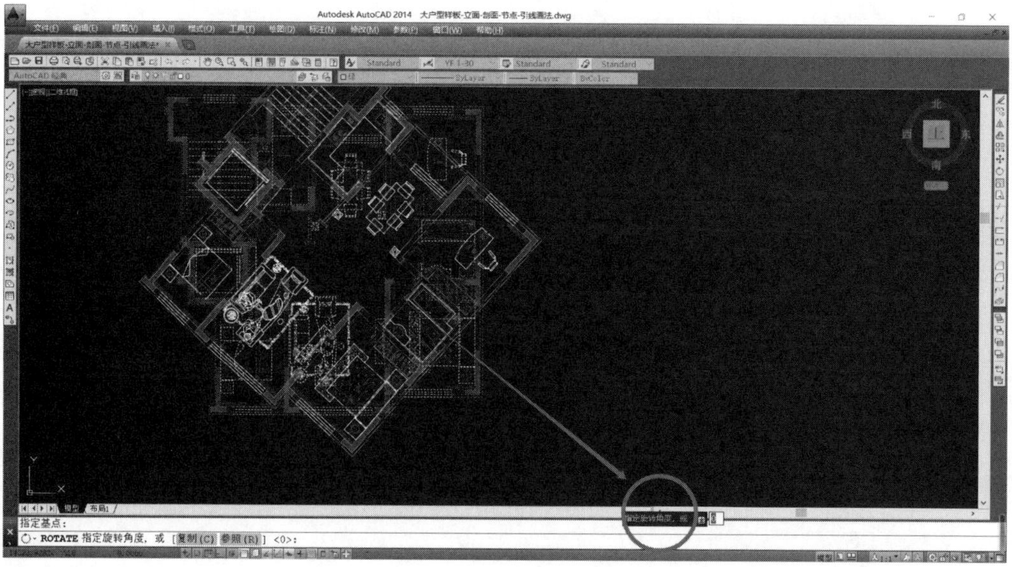

图2-101

② 引线结束后确立地面线（直线“L”）、高度（偏移“O”）。

③ 绘制完善其他部分（偏移“O”、剪切“TR”），见图2-102。

④ 标注尺寸、文字、符号等。

⑤ 图层和线型统一（匹配“MA”），见图2-103。

需注意剖立面与立面制作方法相同（增加天棚、墙体、地面的剖切面），还需注意会识别、能编制立面索引符号并会应用软件命令进行非引线法绘制立面。

2. 剖面的引线画法

由平面或立面索引出剖面，同样需要利用关键节点引线的方法进行绘制，绘制方法同立面。需注意以下内容要素。

① 确定要剖切的位置（或通过图纸的索引符号确定）；

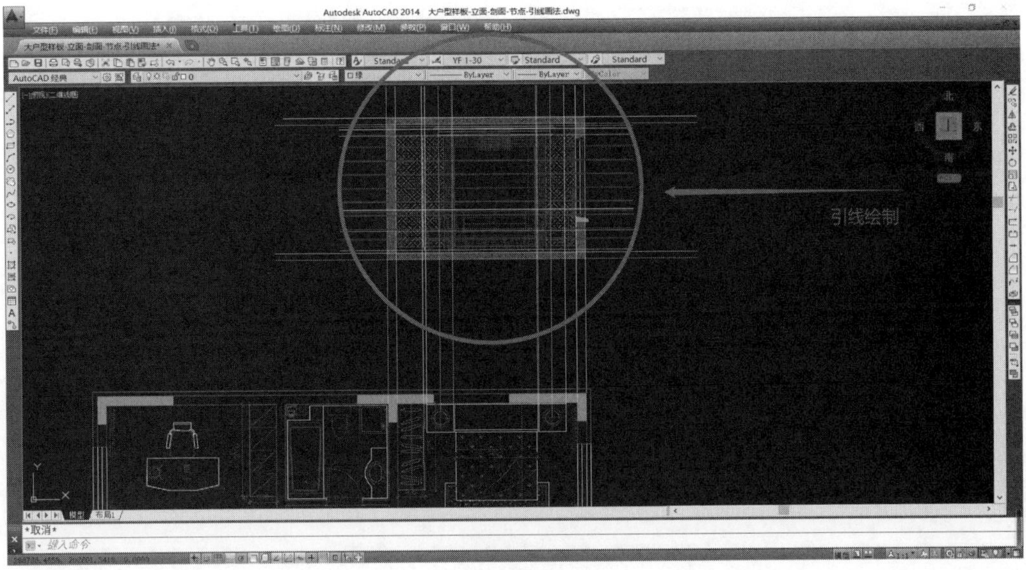

图 2-102

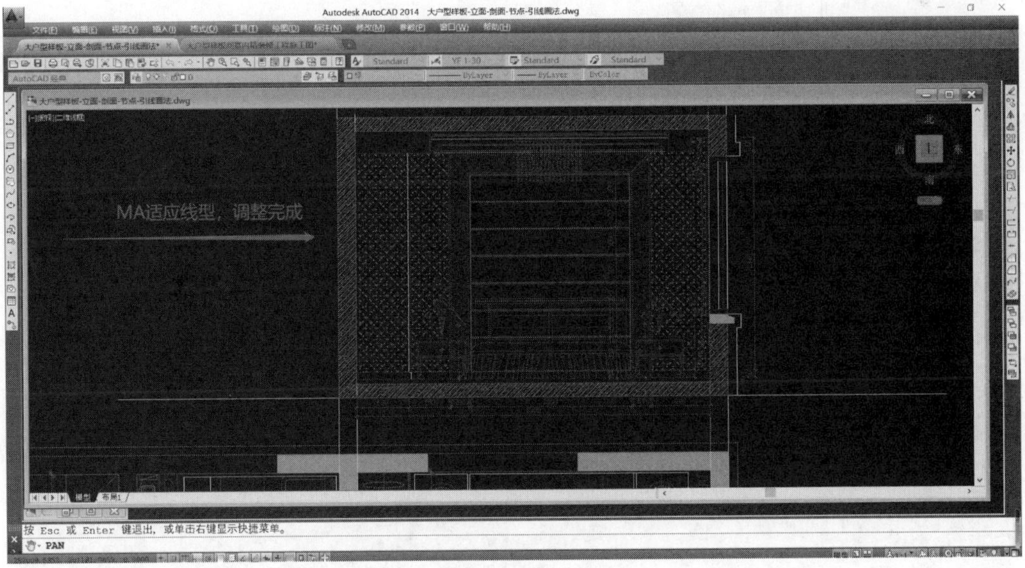

图 2-103

② 引线结束后确立剖切面厚度（直线“L”、偏移“O”）；

③ 绘制完善其他部分（偏移“O”、剪切“TR”）；

④ 标注尺寸、文字、符号等；

⑤ 图层和线型统一（匹配“MA”）见图2-104。

3. 节点大样的引线画法

选择自由曲线作为引线（或其他线型）并预先设定好图层和线型（也可后期“MA”匹配），按以下的步骤来进行绘制，绘制中注意图面比例尺寸的标注。

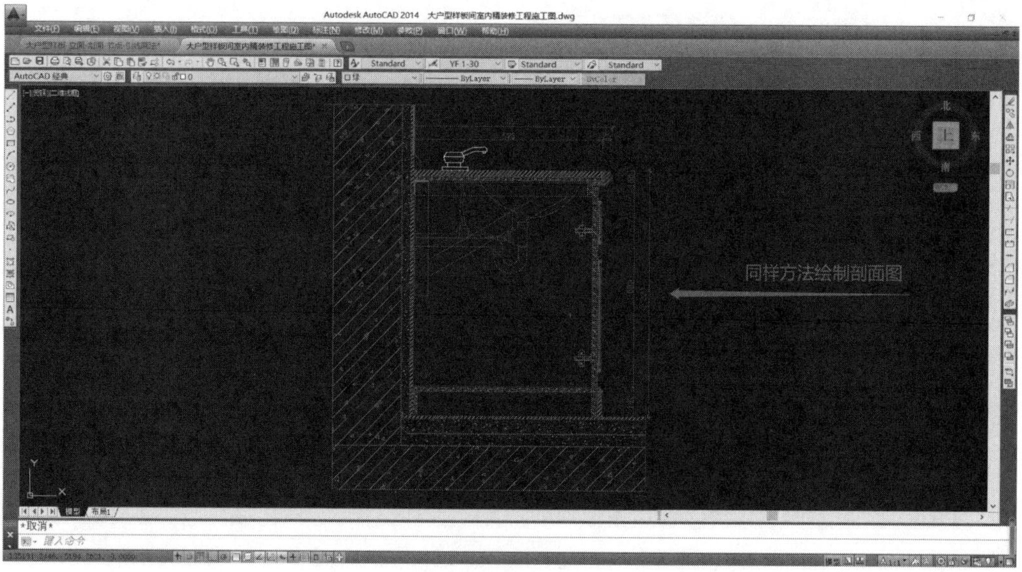

图 2-104

① 确定剖立面局部位置；

② 复制剖立面局部图样（快捷键"co"）并粘贴至对应位置；

③ 按比例放大（注意要在比例尺标注体现）；

④ 绘制完善其他部分（剪切"TR"等）（绘制方法同立面）；

⑤ 标注尺寸、文字、符号等（绘制方法同立面），见图2-105。

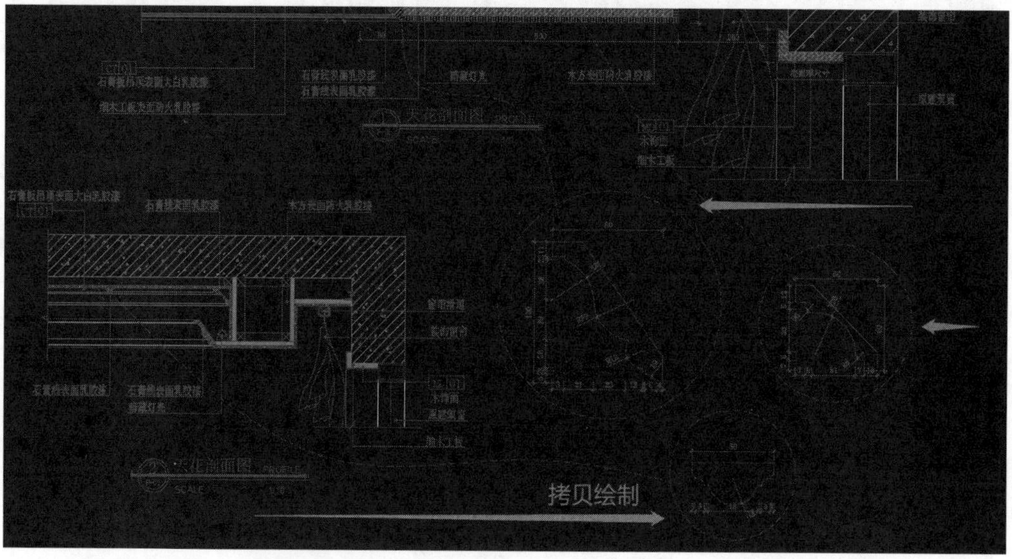

图 2-105

4. 线型比例（快捷键"LTS"）的应用

一般来讲，制作用虚线表示的物体时需根据实际情况更改线型比例，需注意以下内容要素。

① 选择图层，置为当前；

② 打开图层面板，查看图层信息（图2-106）；

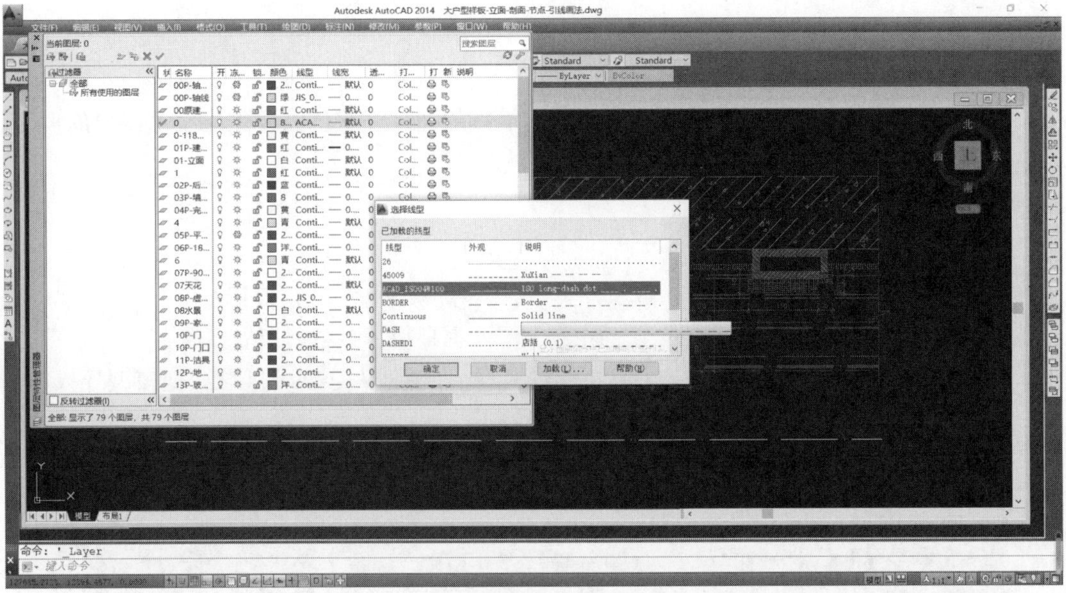

图 2-106

③ 更改可调整的非实线的比例的线型（也可后期用“MA”匹配已有线型）；

④ 输入快捷键“LTS”缩放线型比例；

⑤ 输入数值更改比例（图2-107）。

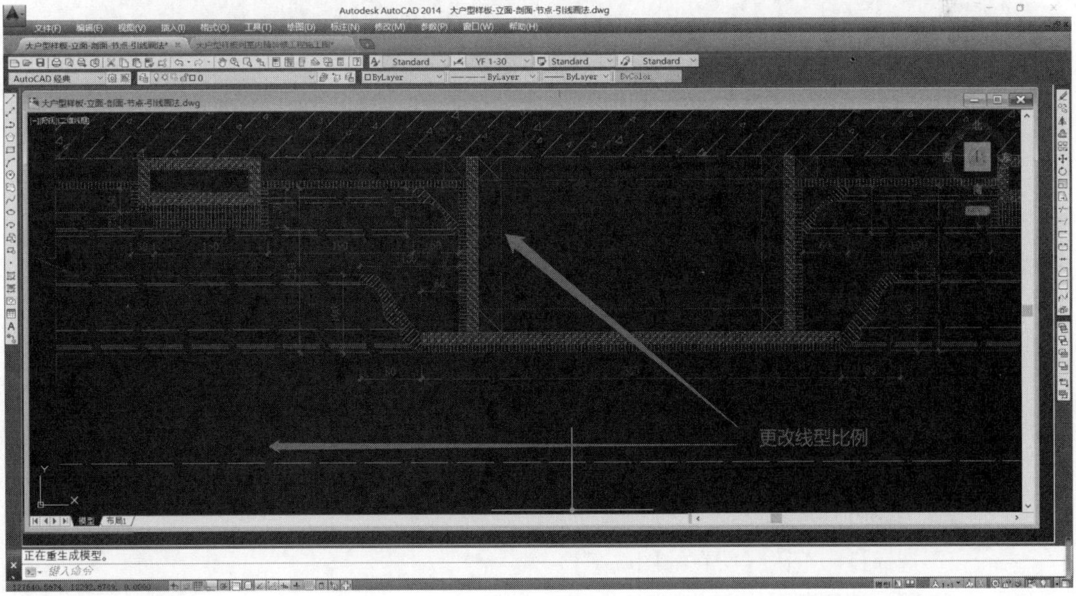

图 2-107

技能点5：施工图多重视口的设置

1. 多重视口的设定

有时需要在一个视口显示多个剖面或节点的图样，这就需要进行多重视口的设定。可以按以下步骤进行操作。

① 打开已完成的模型界面；

② 打开或新建布局；

③ 选择适当大小的图框模板文件（一般选A3或A4规格）并打开；

④ 复制、粘贴（“Ctrl+C”、“Ctrl+V”）“图框模板”至当前布局界面；

⑤ 利用快捷命令“MV”，并打开“F3”捕捉图框内一部分区域，把模型导入布局图框（图2-108）；

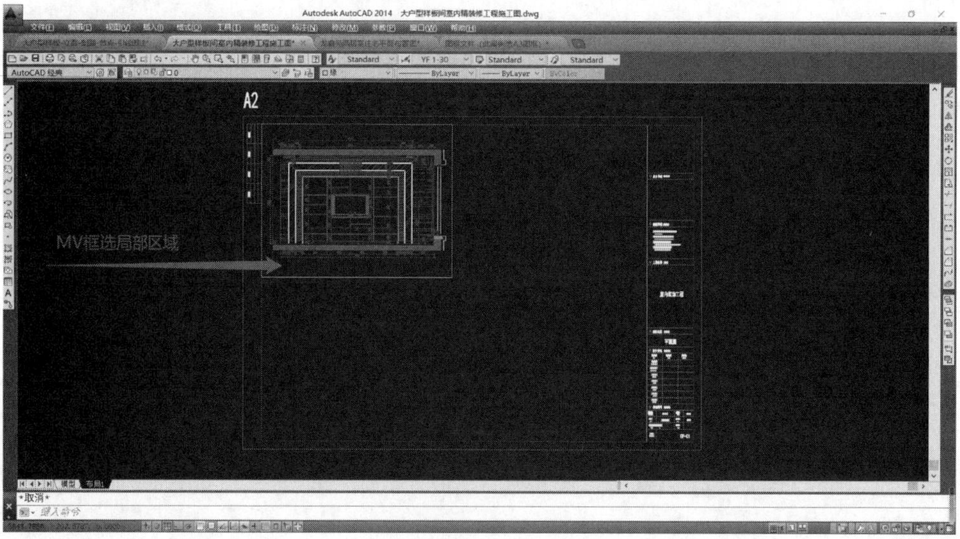

图 2-108

⑥ 根据图纸规格调整模型比例1/*X*（*X*为数值）；

⑦ 双击图框内，设定区域布局比例并锁定（操作同“施工图纸布局设置及应用”）；

⑧ 设定其他区域布局比例并锁定（操作同“施工图布局设置及应用”），见图2-109；

⑨ 最终显示“多重视口布局”，导出打印的PDF格式文件（图2-110）。

2. 去除打印范围线

① 选择打印范围线所在的图层；

② 关闭打印范围线所在的图层（视口范围线消失），见图2-111。

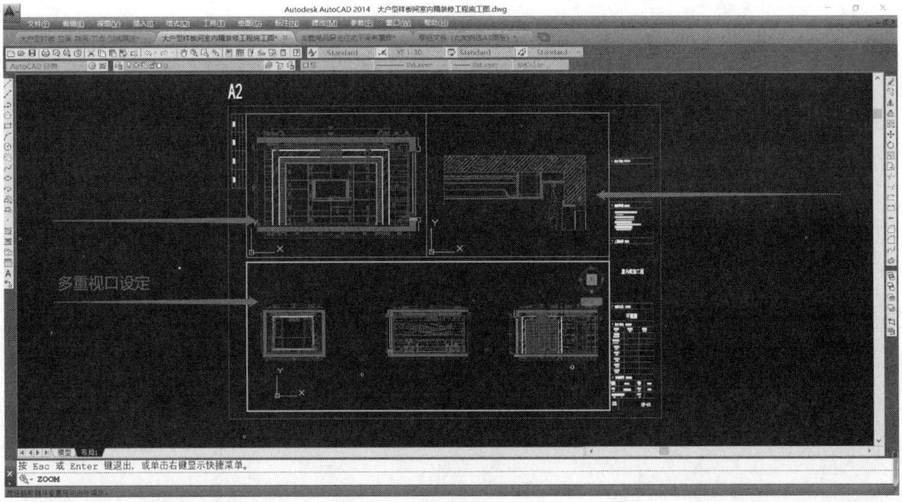

图 2-109

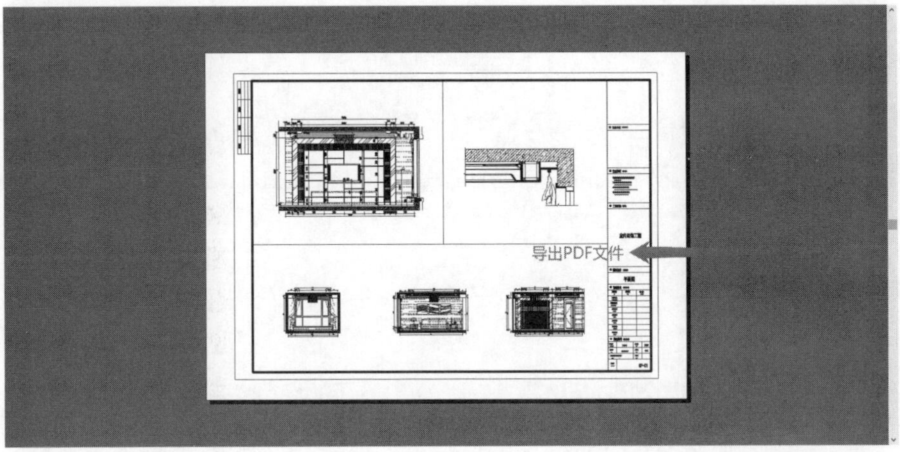

图 2-110

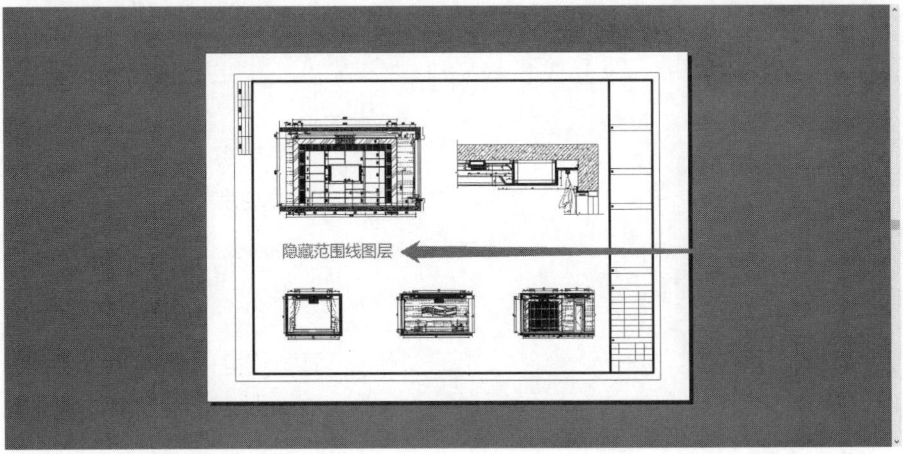

图 2-111

课后任务实操

按给定的精装户型住宅制作整套施工图纸（JPG格式A2大小），完成项目二内容，保存为2007版本以下DWG文件格式。

要求：（1）掌握施工图的知识内容，解决施工图绘制中出现的关键问题；（2）掌握并牢记施工图表现项目的表达内容，并默写出编制施工图纸各个部分的名称（要求详尽细化）。

参考答案：

精装住宅样板间编制施工图纸各个部分的名称：0. 封面、1. 目录、2. 设计说明一、3. 设计说明二、4. 施工工艺做法说明、5. 材料表、6. 平面布置图、7. 墙体尺寸图、8. 地面铺装图、9. 天花布置图、10. 天花灯位尺寸图、11. 开关连线图、12. 强弱电点位图、13. 立面索引图、14. 水点位图、15. 客厅立面图、16. 餐厅立面图、17. 主卧室立面图、18. 卫生间立面图、19. 书房立面图、20. 客卧立面图、21. 门厅立面图、22. 厨房立面图、23. 天花剖面图01、24. 天花剖面图02、25. 立面剖面图01、26. 立面剖面图02、27. 立面剖面图03。

9. 项目二任务实操参考答案

10. 拓展案例

项目三：企业项目施工图表现

知识模块：施工图表现岗位知识

学习目标

1. 通过学习施工图岗位的基本知识，了解以"实战任务为驱动、施工图深化设计表现为导向"的分工协作原则，熟悉施工图深化的整个流程和岗位的基础技术标准。

（1）了解施工图深化设计的初始环节，了解企业承接任务类型及后续的分配方式；

（2）了解企业项目任务的4种分组方式，熟悉教学环节中课题任务的分组原则。

2. 了解项目课题的两种主要类型（商业及居住空间）；掌握施工图任务的分组方式、负责的制度及审核与互评等岗位领域的必备知识。

（1）了解企业项目的施工图组长的角色，熟悉施工图组长的工作职责，了解施工图组长负责制；

（2）简单了解企业审核施工图的方式，了解我们在校期间的施工图审核与互评的几种方式。

3．学会在施工图任务中灵活应用，树立合作意识，提前适应岗位协作方式，为岗位任职打下坚实基础。

（1）树立岗位意识与责任意识；

（2）养成良好的职业习惯，奠定扎实的岗位基础。

4．学习企业承接施工图项目后是如何开展工作的，这些环节与方式与我们平时的学习有哪些不同之处；我们在工作室进行实操任务时是怎样结合的，并思考如何有效率地掌握并结合实际应用所学知识。

课前思考题

请同学们谈谈你印象中的企业对施工图岗位的要求是什么样的？

在进行本知识模块学习之前，请同学们说说你对企业的印象，或是对施工图岗位的了解，当然也包括对工作流程和入职人员要求的设想，大家可以畅所欲言。

知识结构

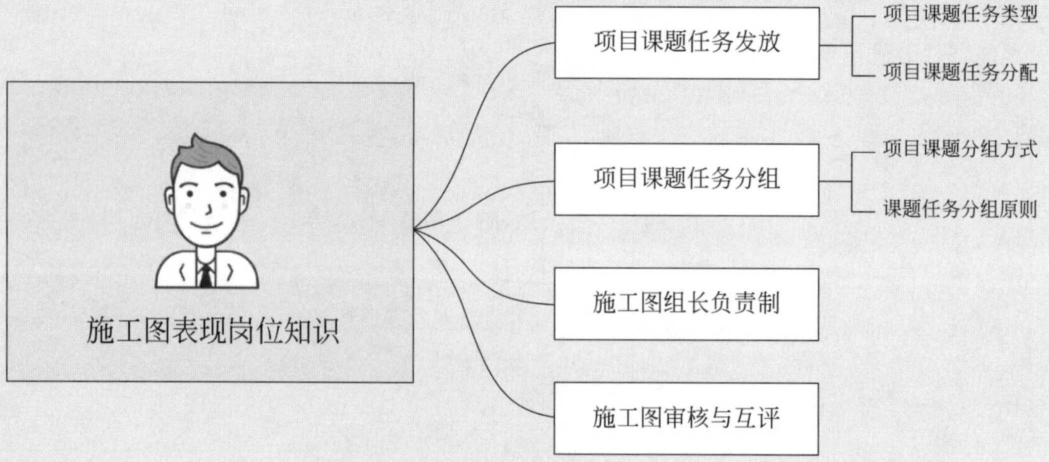

知识点1：项目课题任务发放

学习指导

通过学习本知识点，了解施工图深化设计的初始环节，熟悉施工项目的两种主要类型，了解企业承接任务后的分配方式；在施工图任务中树立合作意识，提前适应岗位协作方式，为岗位就业任职打下坚实基础；通过后续的实操部分融会贯通所学理论知识，在实操中巩固知识内容的应用记忆本节课内容，并依照分配任务方式理解岗位职责，同时需要亲力亲为地参与合作企业的工作流程。作为学生而言，找准一切机会进行体验是较为有效的学习方式。

项目课题的任务分类如下。

1. 项目课题任务类型

项目课题的类型，大体可分为两种：第一种是商业空间设计，第二种是住宅空间设计。商业设计和住宅设计的概念及要素如下。

（1）商业设计

商业设计是指为商品终端消费者服务，在满足人的消费需求的同时又规定并改变人的消费行为和商品的销售模式，并以此为企业、品牌创造商业价值的设计。

商业设计在生活中随处可见，一般包括医院、商场、学校、酒店、娱乐场所、咖啡店、花店、售楼处以及样板间等一系列空间。在做商业设计的时候需要注意环境的组织、空间的应对、人文理念、消费观念、商品定位（也就是指服务的人群）等专项要素。

在学校教学期间一般是把商业设计中的某些模块作为学习的载体，为学生全面系统地掌握商业设计、分析解决设计中的问题提供项目实践的依据和保障。

样板间虽然大小同住宅设计相同，但设计以及应用完全不同，样板间起到展示整个楼盘定位、风格、应用的主要功能，所以将它归到商业设计中（图3-1、图3-2）。

（2）住宅设计

住宅设计是建筑设计的一种，按面积大小或商品定位来分，一般包括家庭住宅设计、洋房设计、别墅设计等。一般情况下家庭住宅设计因为面积比较小，学生比较容易掌握，所以将它作为课题发放给学生，作为教学的起点。

图 3-1

图 3-2

注意因素：

初学者往往很难掌控面积大、涉及专业过于复杂的大型项目，例如医院或商场等一些有专业性要求的空间，在项目中消防、空调、强排烟等专项内容相对复杂，图纸数量也比较多，一般不适合学生。在布置课题时选取相对面积小、复杂系数低，但又能很好地熟悉和掌握整套流程的住宅空间设计及一些小型商业项目，是比较理想的选择（图3-3）。

图 3-3

2. 项目课题任务分配

商业设计中医院、商场、学校、五星及以上酒店这些比较大型的商业项目本身都有很多硬性规定，负责该项目的深化设计师一般根据项目进展阶段的不同，需要的人数最多可达到10人以上，少的时候也要达到5人左右，由于参与的人数多，一般会分组进行深化。

（1）根据楼体分组分配任务

以学校项目为例，一般可分经济学院、艺术学院、工商学院、外国语学院等；学院中又分为宿舍楼、食堂、教学楼、行政楼等，所以类似这种综合大型的商业项目就可以根据楼体分组（图3-4）。

图 3-4

（2）根据楼层分组分配任务

以商场项目为例，可以按照楼层分，一组负责1 ~ 2层，二组负责3 ~ 5层等（图3-5）。

图3-5

（3）根据功能分组分配任务

以酒店为例，可以分为大堂、行政酒吧、中餐厅、西餐厅、客服区、其他公共区域等。根据功能分组，好处就是一组人员做的工作前后都是有关联性的，无论是风格、材料、工艺、尺寸比例都可以互相借鉴，熟能生巧，这对整体项目保质保量、按时完成起到重要作用。

这些项目课题在发放学生之前，学校会根据作业内容拟订空间、业态、多元化可选择的设计风格种类，模拟业主需求，以深化施工图制作与编辑的岗位模拟为前提，按照学生目前实际所处的专业水平能力进行拔高及微超标准制定。以便学生在实际操作过程中可以按兴趣选择模拟岗位，避免排斥心理，抓住学生兴趣方向，自由多元化地选择学习与实际操作，达到模拟课题任务的目的。

同时按照真实案例以实战任务为驱动、施工图深化设计表现为导向进行实际分工、协作操作，安排实战，学生可以了解到施工图深化的整个流程和制图的基础标准（图3-6）。

施工图本身作为设计方案落实的重要过程，需要多人协作配合才能够快速正确地完成，那么就需要老师在课题开始之初对工作具体环节进行分配，按照CAD软件的运用，各个专业对项目的影响，施工流程节点逐层分解，包括图纸制作的顺序，编制的方法，注意的环节等作出明确的安排。

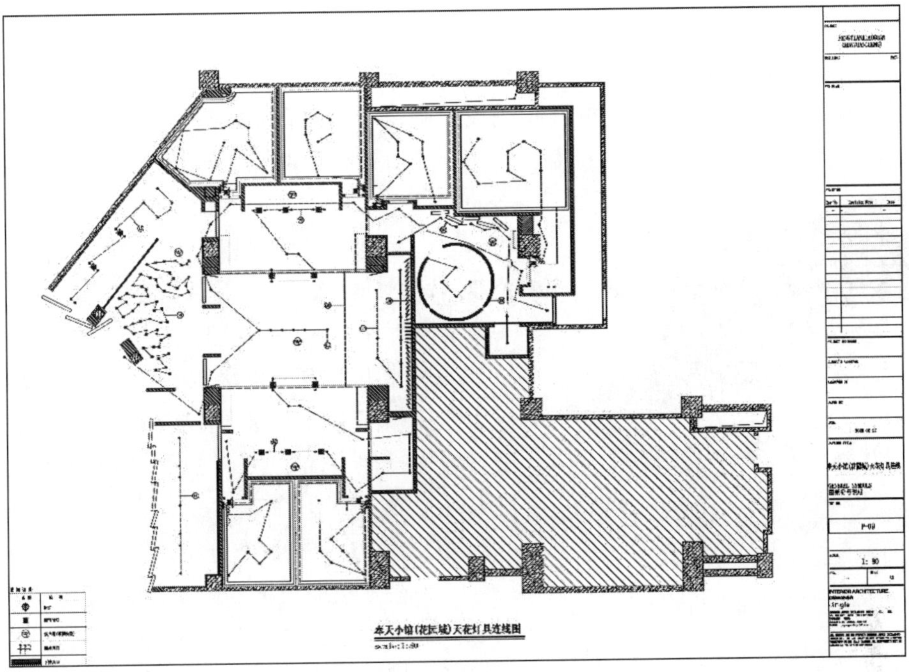

图 3-6

知识点2：项目课题任务分组

学习指导

1. 通过学习本知识点，了解企业项目任务的4种分组方式，熟悉教学环节中课题任务的分组原则，以配合课程后续的实操训练。

2. 在施工图任务中树立合作意识，提前适应岗位协作方式，为岗位就业任职打下坚实基础。

3. 通过后续的实操部分融会贯通所学理论知识，在实操中巩固知识内容的应用。

4. 按角色类型了解岗位职责和任务，大量阅读施工图纸深化岗位能力素质。

1. 项目课题分组方式

室内外施工图深化设计是一个系统而庞大的专业，经常需要几人甚至几十人共同完成一个项目，有的项目长则好几年完成，所以互相配合就显得尤为重要。需要统一安排，分工协作，后期综合审理。所以在课题分组这样的锻炼学习中，不但能让学生之间取长补短、互相学习，又能很好地互相配合，为步入社会、进入企业做好充分准备。

图3-7

第一种方式：按人分组。

按人分组即根据班级人数，平均分成若干组，每组选择相同业态课题，竞赛形式统一完成，最后进行评优点评，优缺点、注意事项分析及常见问题讲解等（图3-7）。

第二种方式：按业态分组。

按业态分组即根据商业类型分组，每组人员可以由喜欢相同业态的学生组成，也可随机平均分配，每组可根据课题中的众多业态类型，选择适合本组的业态，例如鲜花店、咖啡店、宠物商店等（图3-8）。

图3-8

第三种方式：按风格分组。

按风格分组即根据当下主流的装饰风格进行分组，可在按人分组基础上，每组选择不同的装饰风格，可选择简约、欧式、美式、中式等，形式上同按业态分组相近（图3-9）。

图3-9

第四种方式：按图纸制作过程分组。

按图纸制作过程分组，其中施工图制作由平面、立面、剖面、大样节点等环节组成，学生可以根据自己想最想了解的环节着手渗入，老师可以根据学员想学习和掌握的内容分批分拨地作为重点内容集中讲解（图3-10）。

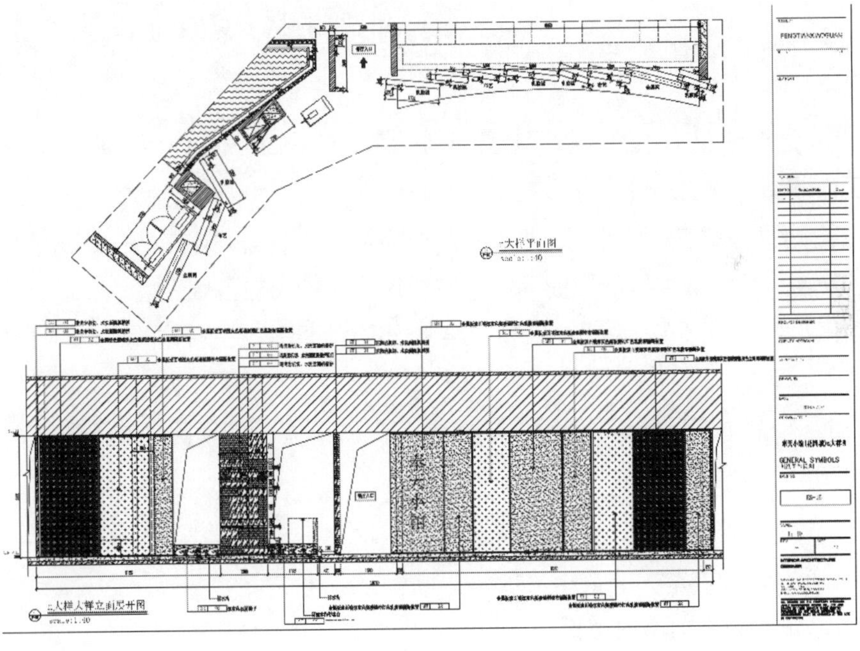

图3-10

2. 项目课题分组原则

在工作室的教学中根据实际情况借鉴企业做法，拟订符合本课程的项目任务分组方式。

课题任务按施工图企业操作流程与方式分小组协作完成实际案例项目，并由合作企业设定具体方式，同步进行实操任务。并推选至少1个操作能力强的同学担任组长，遵循集中讨论、独立操作、分工细化的原则，按照企业实际的需求进行课题任务的制作。施工图项目组成立后，由各个小组协作完成项目。

每个项目课题任务依据人数和具体情况分成3 ~ 6组，每组3 ~ 6人，可参照前序基础课程把学生根据基础水平情况搭配分成小组，具体名称参照如下。

1组：平面系列施工图深化表现小组。

2组：立面系列施工图深化表现小组。

3组：剖面及节点（构件）系列施工图深化表现小组。

知识点3：施工图组长负责制

学习指导

1. 通过学习本知识点，了解企业项目的施工图组长的角色，熟悉施工图组长的工作职责，树立岗位责任意识；

2. 了解施工图组长负责制，为课程的实践部分提前树立岗位责任意识，为后续的实操训练养成良好的职业习惯，并奠定扎实的岗位基础。

3. 通过后续的实操部分融会贯通所学理论知识，在实操中巩固知识内容的应用；

4. 牢记施工项目组长所承担的职责，并对照施工图项目中的工作内容来进行学习实操。

1. 企业施工图项目组长

在企业中，组长即资深的深化设计师，承担此项任务的深化设计师必须是艺术院校的专业毕业生，有一定的审美基础，工作经验在7 ~ 10年以上，能够独立对接大型复杂且有一定工艺难度的项目，了解甲方诉求，明白设计师想法，思维敏捷，有很好的沟通能力。

项目开始之前，能够到工地复尺，对工地环境、管道、尺寸误差做到详尽记录，回来后体现在图纸上，对影响平面方案布置的管道知道哪些可以更改位置，为设计平面方案的准确性提供必需的条件。

对自己的下属组员能够根据其能力合理安排任务，对自己安排的工作任务能够细心讲解，确认组员了解工作内容及时间节点后，再开始工作，争取减少更改，提高工作效率，不窝工，按时间节点完成项目。

还需要了解其他各项专业的基础知识，在汇总综合图纸时，给出正确指导，协调各专业人员快速准确完成工作（图3-11）。

图 3-11

在甲方提出方案质疑，或对造价有所调整时候，能给出建议意见，推动项目进度的发展，减少窝工现象出现。

在图纸全部或部分完成时，根据项目时间节点，有序地安排检查图纸事宜，在规定时间内，给出全套完整无误的深化图纸。

在深化图纸完成后，能够同施工方做设计交底，对施工方提出的疑问能够给出相应的答疑，配合施工方快速了解图纸内容。

2. 施工图组长负责内容

项目组长主要负责就内容与“业主”进行需求沟通，对方案的把控，组员工作内容的安排，人员工作环节的制订，图纸结束后的会审，图纸错误内容修改等。如在规定时间未完成模拟工作过程的小组，组长应自检问题发生的环节，并及时调整（图3-12）。

图 3-12

3. 学院工作室课程的施工图组长

施工图组长负责制同样也适用于学校学生的学习与实践。施工图课程项目组长由学生推选，专任教师推荐，企业外聘教师考核，选择本门课程专业能力强的同学担任。如整班学生整体专业素质较高，可以双选，优化授课对象结构。

具体到学校中，施工图项目组长的选择标准为：首先需要熟练掌握施工图软件，对商业设计有一定的了解，并在学生中有一定的信服度；其次就是要认真负责，态度端正，能够帮助老师协调学生的学习。

当然也可以由学生向老师推荐成绩优异能力强的同学担任。施工图组长的主要职责是帮助老师协调同学的学习，所以协调组织能力要考虑其中。

知识点4：施工图审核与互评

学习指导

简单了解企业审核施工图的方式，知道施工图委托方评审意见的重要性；课程中了解在校期间的施工图审核与互评的几种方式，有助于我们多角度多方位地巩固所学，为岗位就业任职打下坚实基础。通过后续的实操部分融会贯通所学理论知识，在实操中巩固知识内容的应用；按角色类型了解岗位职责和任务，大量施工图纸阅读深化岗位能力素质；按既定的要求与标准，实操中通过角色转换与翻转互动的方式来多角度多方位学习，从多维的角度认知所学内容。

在企业中是这样进行审核的、一般在公司中一个商业项目的结束，会分为2步审核，第一是任务组组长审核，第二是总工审核，然后公司内部认为没有问题后，提交甲方委托单位。甲方委托单位会委派专门的审核机构进行图纸会审，最后给出整体修整意见。

在学校中是如何根据项目进行审核，然后再互相给予评价的?

1. 拟定标准

在上一节课中已经讲了施工图组长负责制，那么有组长一定就有组员，在学校可能会根据班级具体情况区分。比如把学生一共分为3组，那么就有3个组长，3组组员，当把一个课题发放给大家时，老师会给一个评审标准，评审标准可参照以下内容。

第一条，整体人员的协作配合；

第二条，图纸完成的准确与细致程度；

第三条，图面完成效果的美观度；

第四条，时间节点的把握。

根据这些既定的标准来评价学生的学习成果。

2. 角色转换

多人协作通过角色转换完成互评，项目需要选择一名学生作为设计组长，其他学生作为设计组员，教师或企业专家担任“业主”直接进行需求沟通并安排工作。后续过程每名组员轮流进行代理组长一职进行与“业主”沟通，在整轮模拟过程结束后，所有人员进行座谈评价，把自己的理解及过失进行详细的总结并落实文字记录，相互补充学习借鉴。

当然也可以根据岗位能力等级需求，运用岗位角色转换来参与交流与互评。例如施工员、驻场设计、设计施工监理等，这里不再详细赘述。

3. 翻转互动

把每组图纸对调，互相检查对方图纸，并找出不足。也可以组长互动，去检查对方组员的问题，并讲出自己认为的不足点的依据，这样的学习可以让大家很好地交流和沟通，掌握所学内容。当然不是找出的问题就一定是对的，最后老师会给出总结，根据每组的作业情况进行点评，以便同学们知道自己错在哪里，以及为什么错了。

技能模块：企业项目施工图测试（A级能力）

基本目标

A级能力是基于并凌驾于B和C级能力基础之上的，是学生能够真正参与企业实战的岗位能力。本模块是一个完全的企业实训课程，通过课后任务实操达成能力等级的测定。完全掌握了A级能力的综合技能并能够举一反三、运用自如，就能够基本胜任施工图的各个阶段的岗位任务，并且能够达到施工图深化的高级岗位能力的要求。

1. 熟练掌握企业测试对施工图深化设计能力要求的关键内容，并学会举一反三，拓展施工图深化设计的能力；

2. 按既定小组分配任务，共同协作完成本次课程施工图深化设计的任务内容；学会高级识图及应用，根据效果图进行判断完成施工图的细节设计与绘制；

3. 同学之间需按小组完成本次课程问题讨论、解析并答疑。（有难度、深度的问题由教师组和企业专家共同商定答疑）

学习指导

本课程模块开始，学生真正进入施工图实操深化阶段，除了提前预习反复熟悉观看课程内容，深入理解课程传达的要点和方法以外，还要特别要注意平时培养专业设计的基础能力与专业的综合能力；需要学生课上课下，全过程进行企业施工图深化设计任务，并对绘制表达内容的设计内涵有一定的理解，并按既定小组协作配合学习，来完成本模块的学习与拓展任务；利用课余时间常驻施工现场，学习施工与材料知识，教师或设计师利用实践现场对照式教学，学生要逐一记忆、理解并消化。按国家相关规范标准及现场的把控经验来进行施工图的深化设计与表达，具体参照相关国家标准文件及企业施工图深化图纸说明模板。

实操技能测验：

根据项目一“实操技能测验”、项目二“实操技能测验”所绘制施工图，按规范补充深化所需图纸（根据实际需求）并完善制作其他附录图纸：包括封面、目录、说明、材料表这4个部分内容，储存为DWG格式，最终汇总并输出整套完整的JPG格式施工图纸文件（A3规格）上交。其中：附录图纸4张，施工图平面4张（个），施工图立面2 ~ 4张（个），施工图剖面及节点共2 ~ 4张（个）。上交数量：12 ~ 16张（个）。

参考答案：

按此户型内容深化设计制作，并汇总前面完成的项目一“实操技能测验”和项目二“实操技能测验”的图纸，输出规定数量（12 ~ 16张）的规范的整套施工图纸。由于设计内容具有一定的主观性，所以具体分数由教师组按技能要求标准综合评判给定。

讨论：

请大家谈谈你对本次企业任务测试的认识与感受。经过了晋级的课程训练，请大家谈谈收获和感受，不单指技能操作方面的，也可以说说对施工图深化设计任务展开的理解。

技能点1：企业任务测试讲解1

11．图纸信息

下载企业提供的实操项目样板间资源，来获取下面的信息：①原始建筑图纸信息；

② 关于效果图的信息。对施工图深化的实际任务进行如下的步骤分解。

（1）能够解读施工图项目任务相关内容，注意以下的内容要素。

① 先了解此阶段岗位工作内容及难易程度、对应施工图设计的岗位职位以及需具备的设计能力；

② 读懂企业要求的岗位能力，能够根据提供的建筑土建图纸进行二次设计；

③ 读懂建筑土建图纸的相关内容，能够自行测量尺寸绘制施工原始平面图；

④ 能够解释并区分建筑土建图纸与室内装饰设计图纸的内容差别；

⑤ 能够根据已有或给定信息进行室内设计施工图纸深化设计；

⑥ 掌握获取原始信息的两种方式：a .依据建筑土建图纸；b .自行测量绘制图纸（图3-13）。

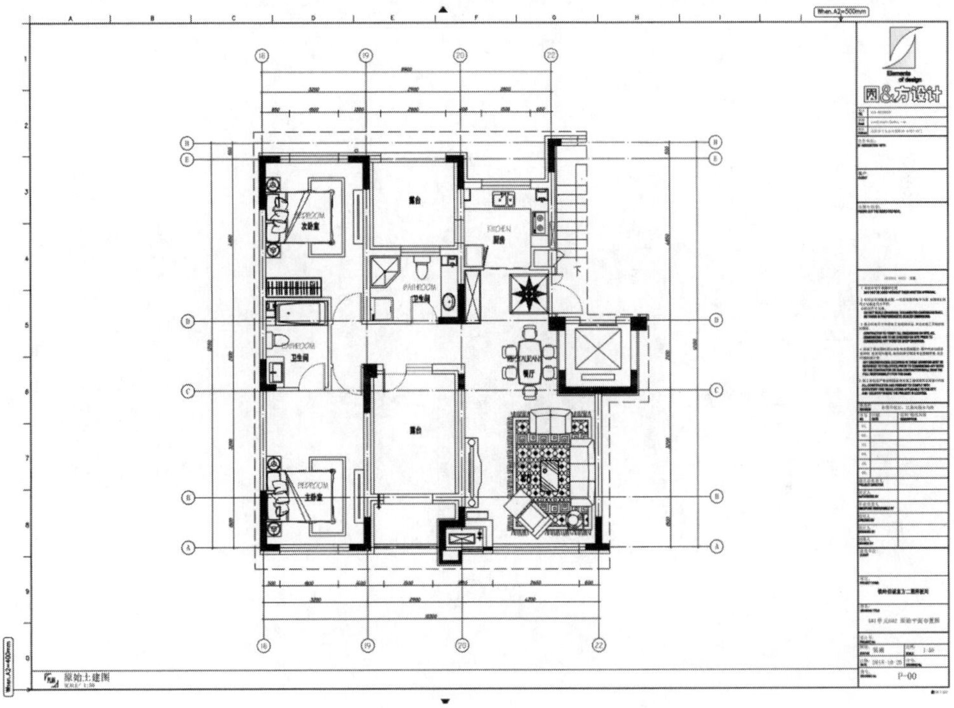

图 3-13

（2）能够解读企业提供的施工图模板信息，需注意以下的内容要素。

① 正确使用企业提供封面、目录、说明、材料表模板；

② 施工图深化设计要遵循制图规范并符合企业模板标准；

③ 对应图纸参照目录序号，制作对应图纸并正确命名；

④ 根据给定信息推断并补充完整平面、立面、剖面及节点系列图纸；

⑤ 施工图中剖面及节点的深化制作前提是掌握对应的施工工艺（图3-14）。

（3）能够解读企业提供的效果图信息，并注意以下的内容要素。

① 对应室内设计效果图内容和给定信息补充或编制材料表；

② 根据设计经验、规范、尺寸及材质判断，进行施工图深化制作（图3-15 ~图3-18）；

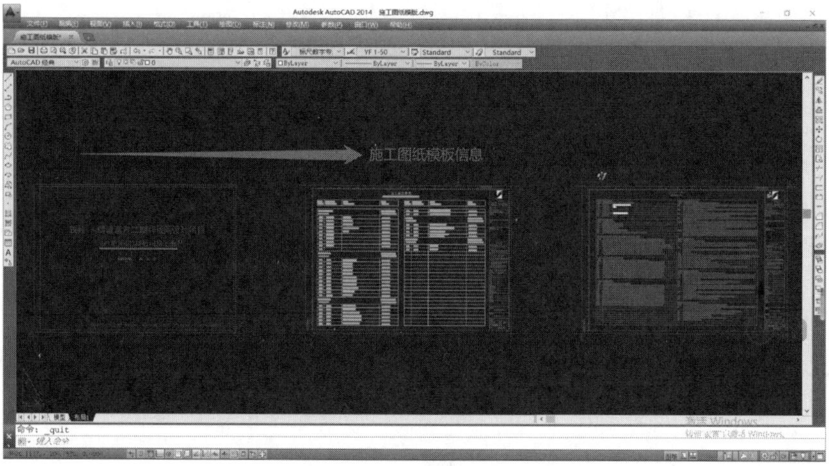

图 3-14

图 3-15

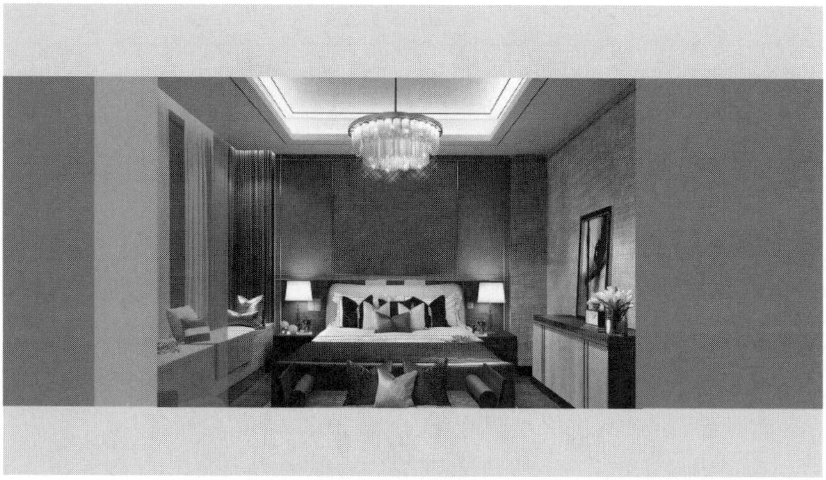

图 3-16

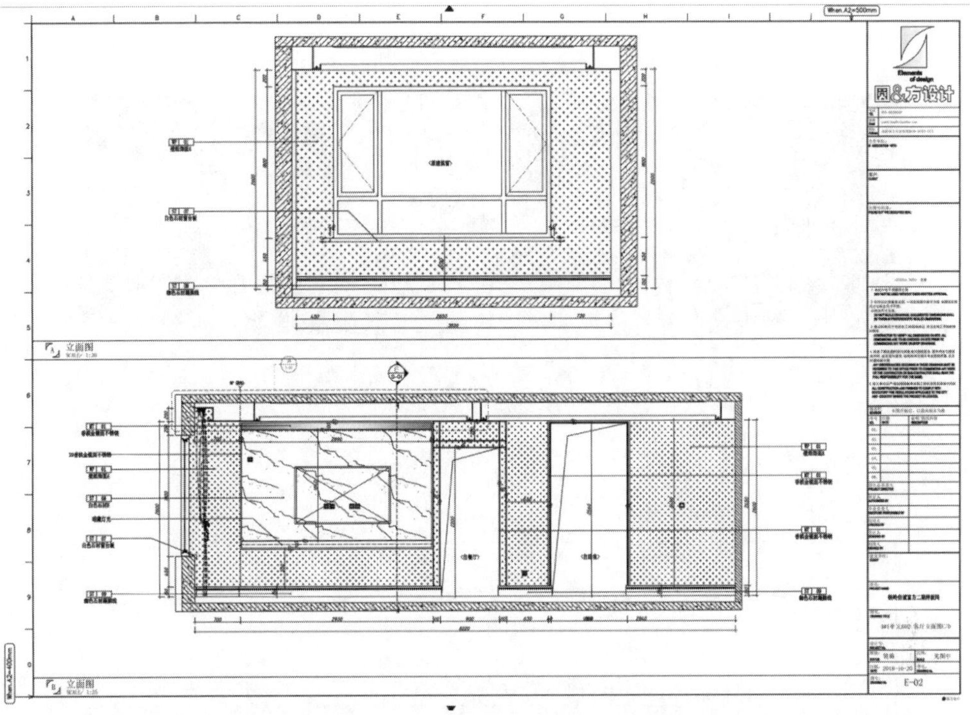

图 3-17

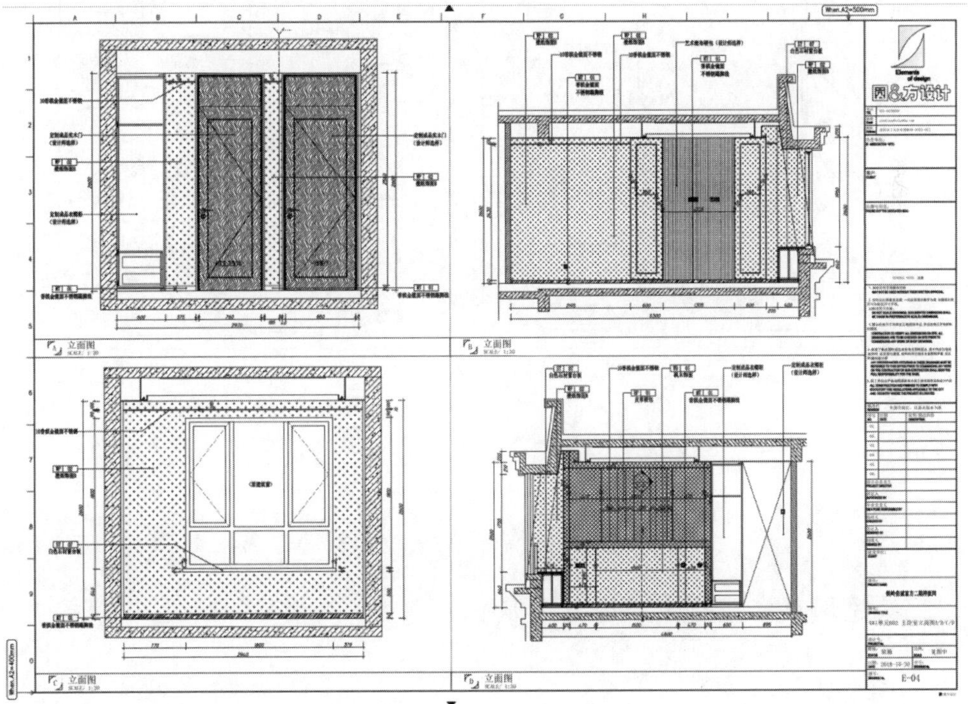

图 3-18

③ 根据陈设效果图信息，完善施工深化图纸细节内容（图3-19、图3-20）。

图 3-19

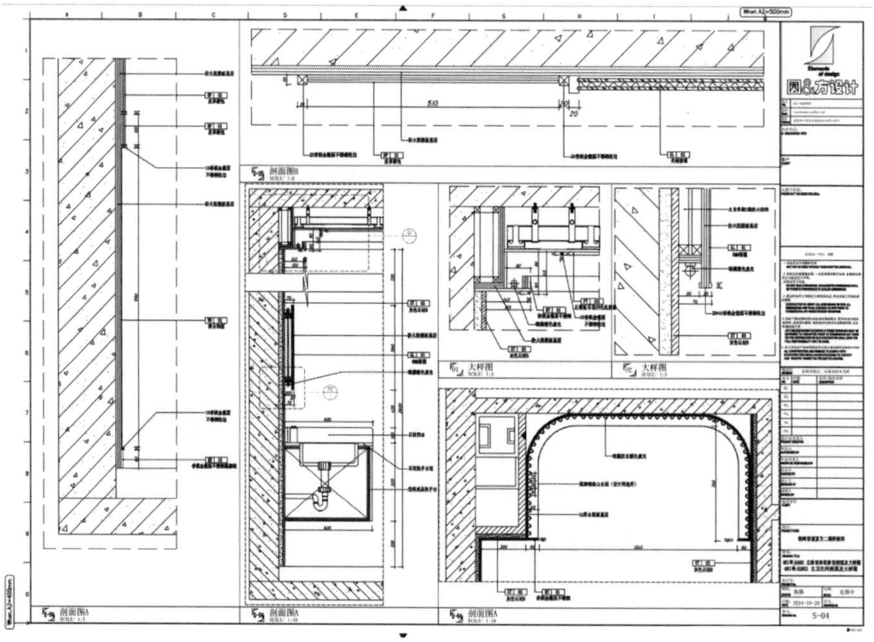

图 3-20

临摹练习

按给定案例信息（图3-21），根据规范深化设计绘制“主卧室床头背景立面图”。

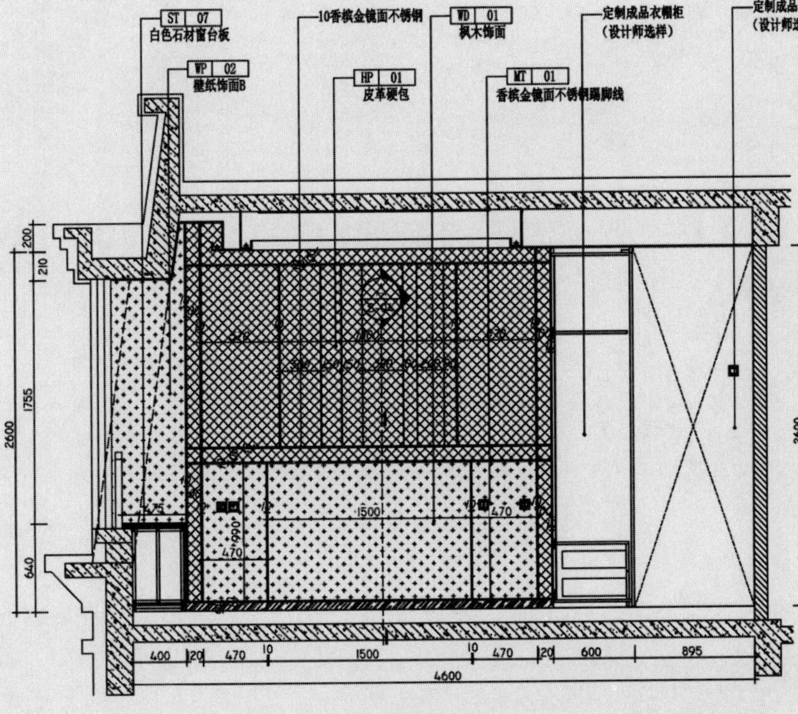

图 3-21

技能点2：企业任务测试讲解2

在下载的文件中获取补充信息文件，需要先掌握对应的细部施工工艺，读懂补充信息文件，并注意以下的内容要素。

1. 能够解读给定的立面及剖面的重点信息

① 读懂立面索引图信息，对应绘制指定的施工立面图纸；

② 读懂关键立面图信息，对应绘制其他施工立面及剖面图纸，以给定立面为参照标准绘制其他内容；

③ 读懂立面图中索引符号信息，对应绘制剖面及节点；

④ 施工图中立及剖面的制作前提是掌握对应的材料及施工工艺。

2. 能够解读绘制的剖面或节点信息

① 读懂索引符号信息，根据立面索引剖面进行指定的节点图的绘制；

② 正确应用目录查询对应节点图号；

③ 节点的绘制。

临摹练习

1. 临摹绘制学习S–02剖面及节点图纸（按给定图纸目录及标号查找）。

正确答案：见图3-22。

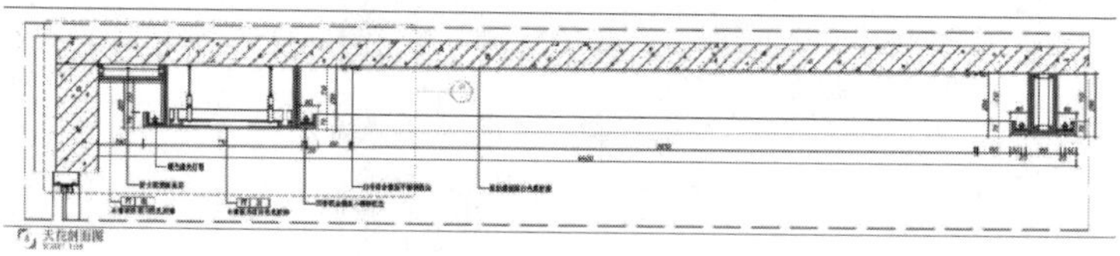

图3–22

2. 临摹绘制学习S–05剖面及节点图纸（按给定图纸目录及标号查找）。

正确答案：见图3-23。

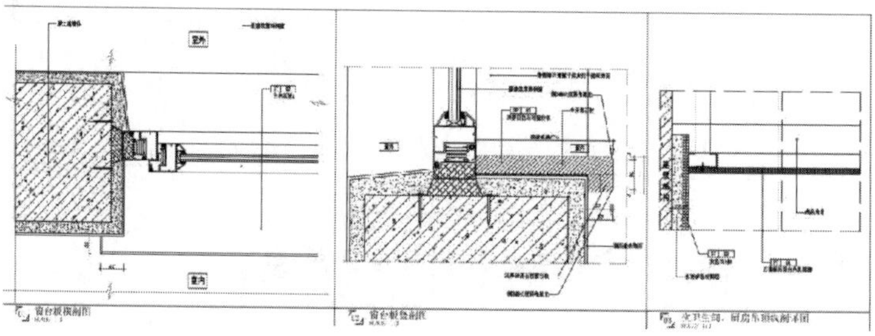

图3–23

3. 临摹绘制学习S–06剖面及节点图纸（按给定图纸目录及标号查找）。

正确答案：见图3-24。

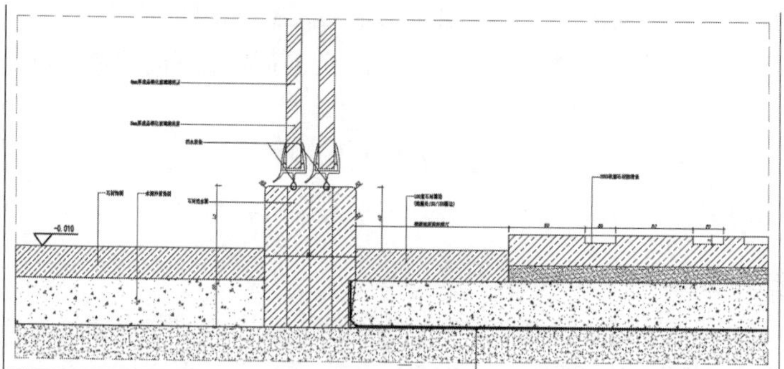

图3–24

技能点3：企业任务测试讲解3

在实际施工图深化设计操作过程中，会遇到一些非常实用的操作技巧与命令，整理成以下几点，提供给大家参考使用。

1. 合理使用遮罩命令（图块的裁剪）

快捷键“TR”主要是应用在线段或图形之间的裁剪，而对于图块的裁剪，则需应用到遮罩的命令，快捷键为“XC”。需要遵从以下的步骤进行。

① 快捷键“B”，把模型创建成为图块；

② 快捷键“XC”后按“Enter”键；

③ 选择要操作的图块，单击右键（或“Enter”）；

④ 在“输入剪切选项”栏中，选择“新建边界”（默认）（或输入“N”后再按“Enter”键），见图3-25；

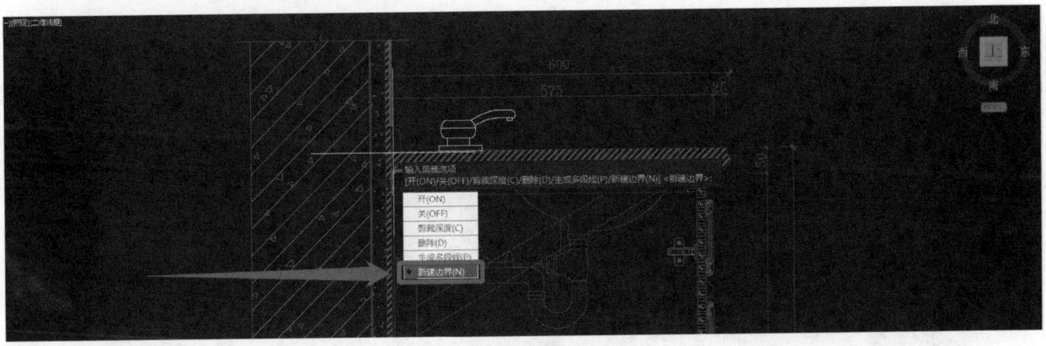

图3-25

⑤ 在弹出的下拉栏中，选择“矩形”（默认）（或输入“R”后再按“Enter”键），见图3-26；

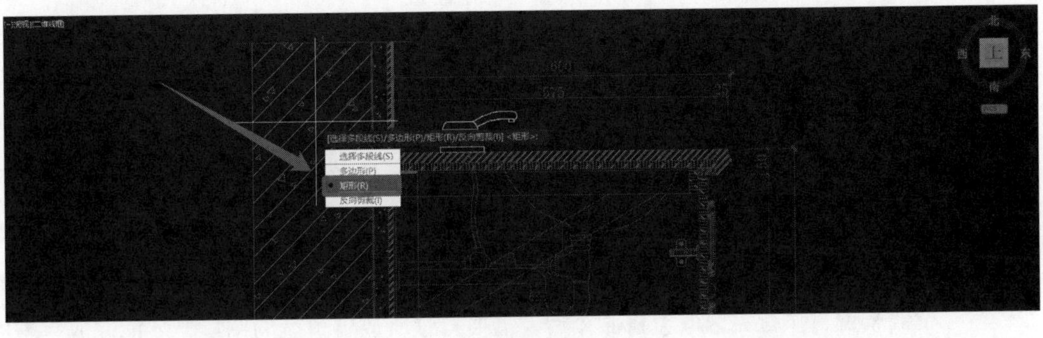

图3-26

⑥ 框选保留的模型部分，“XC”图块剪切（遮罩），见图3-27。

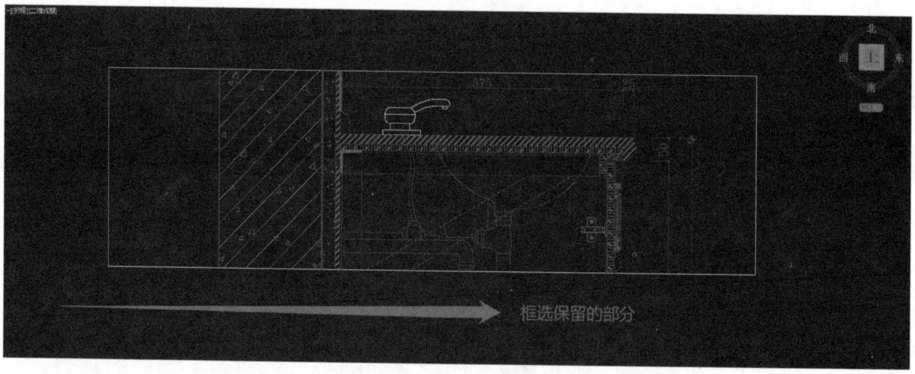

图 3-27

2. 区域覆盖

在处理模型线交错的情况时，需应用“区域覆盖”命令将其显示清晰。在此过程中要树立图层秩序的意识，并清晰模块的图层顺序，需按以下的步骤进行操作。

① 模型放置对应位置（此时模型线交错），见图3-28；

图 3-28

② 创建“区域覆盖”新图层；

③ 打开菜单栏“绘图”部分，点选“区域覆盖”；

④ 在新建“区域覆盖”图层内框选绘制覆盖区域的形状（利用“F3”捕捉）；

⑤ 快捷键“C”结束框选命令，围合框选形状图形（图3-29）。

3. 置顶图层

一般来说，执行完区域覆盖命令后，需要置顶所放置模型的图层，才能完成完整的命令步骤，呈现出施工图中模型遮盖地面的显示效果。

① 选择置顶图层的模型，按快捷键“DR”；

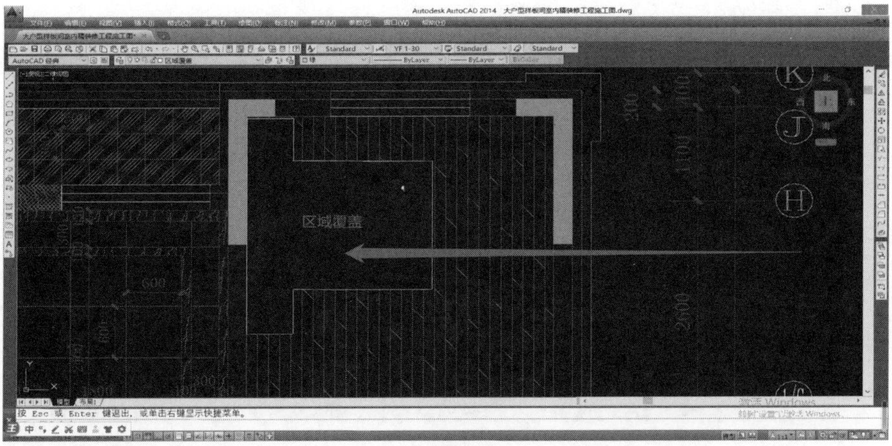

图 3-29

② 单击右键（或“Enter”键），出现菜单栏；

③ 默认“最后”切换成“最前”（图3-30）；

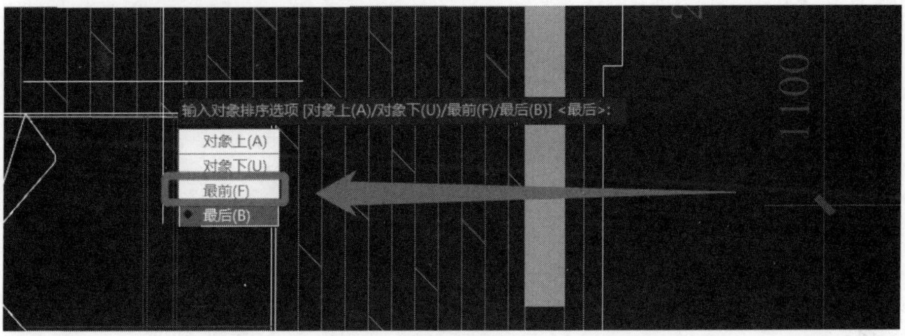

图 3-30

④ 调整“区域覆盖”图层的范围及形状至正确位置（图3-31）。

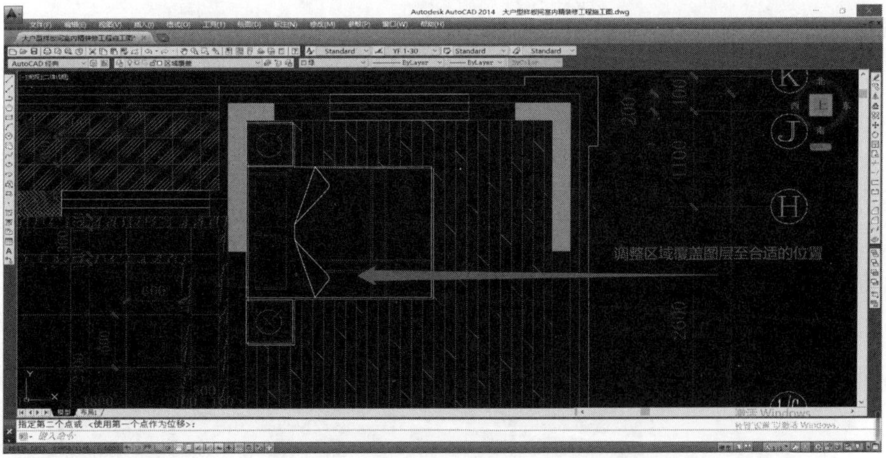

图 3-31

4. 栏选剪切

① 剪切的快捷键是“TR”，然后按“Enter”键，再选择对象进行操作；

② 栏选剪切“TR”，后连续按两次“Enter”键，后输入“F”，再次按“Enter”键，进行直线栏选（图3-32）。

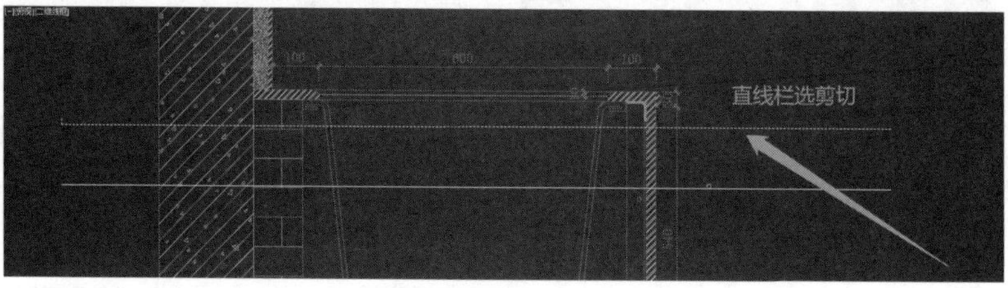

图3-32

5. 线宽显示设置

线宽显示按以下要素进行设置。

① 按下显示线宽切换按钮（图3-33）；

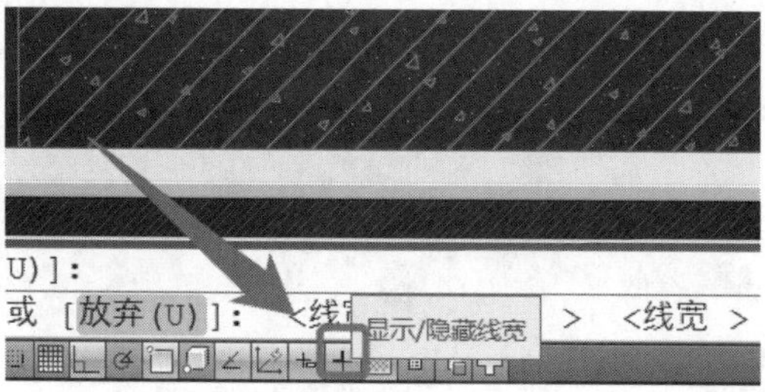

图3-33

② 调整线宽方式1（右键“特性”设置）；

③ 调整线宽方式2（“Ctrl+1”“特性”设置）；

④ 调整线宽方式3（“图层”“线宽”设置），见图3-34、图3-35。

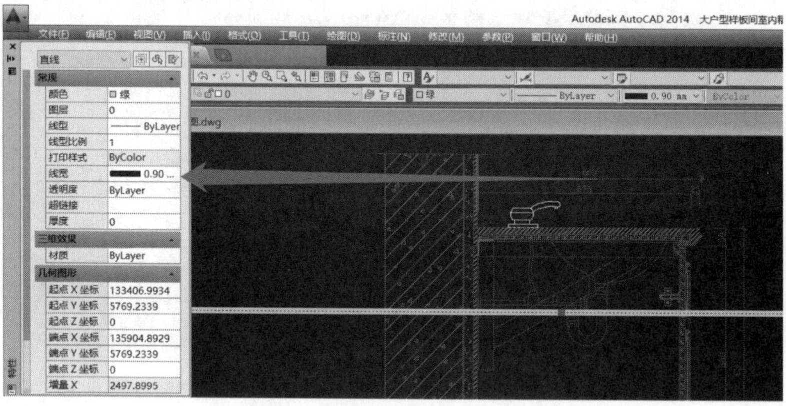

图3-34

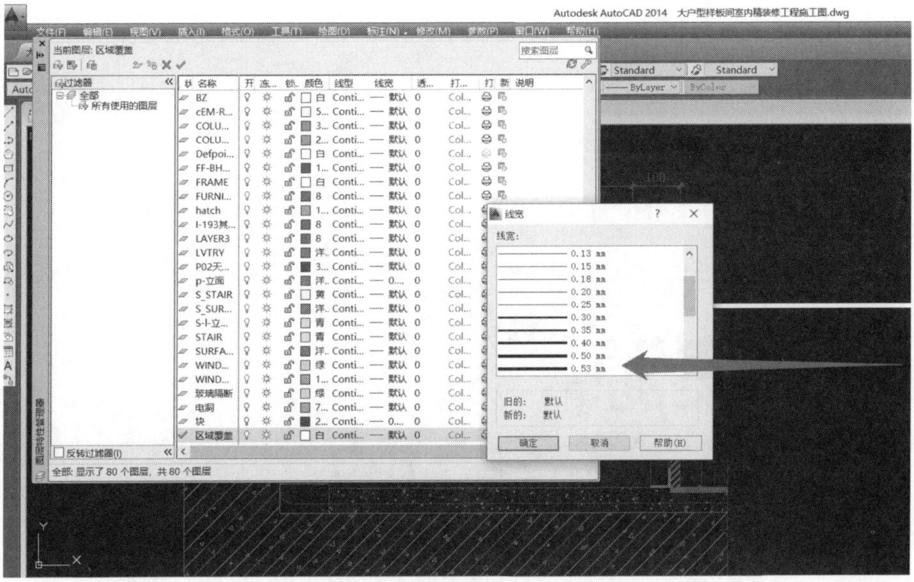

图 3-35

无论采用哪种方式，最终根据需求调整对应的线宽数值即可。

课后任务实操

根据企业提供的户型任务及已有的相关图纸信息，分组（3组为宜）合作完成整套的施工图纸设计文件，并在指定的时间内上传。

要求：（1）保存为2007版DWG格式电子版文件；（2）导出PDF文件及JPG文件（A3规格）。

参考答案：

12. 项目三　任务实操参考答案

拓展资源：你可以扩充学习的

一、考察项目案例扩展资源

1. 施工现场的考察学习

在室内施工图表现的学习过程中，需要充分利用校企合作实训基地和资源，并安排一定的时间进行实际项目的施工现场考察，来更贴合实际地对照施工现场的材料及工艺做法，完善施工图表现的精准度与可实施性，以便更好地巩固学生理解施工图表现实操中的实际内容，见下图。

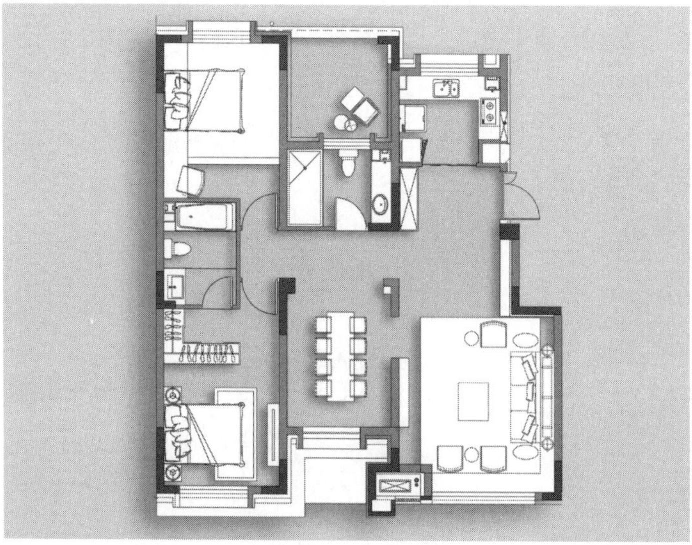

2. 线上考察资源的开发

目前，本部分课程除了注重线下的实际现场以外，还开发了线上的案例资源，同学们可以在本部分内容中看到实际的现场案例讲解课程，课程都是由负责该项目的设计师亲临授课指导的，由于课程可以反复观看，所以教学效果甚至更优于线下的实际考察效果。下面提供的这些视频案例资源仅供学习观看使用，大家应用时请注明出处，注意设计师作品的版权保护。

二、企业实用案例扩展资源

扩展资源的部分包含可以扩充学习的内容，大家可以赏析此部分内容，也可以作为资料资源应用于以后的学习和工作中，是课程组教师及合作企业为大家精心准备的必备资料，对外应用时一定注意说明版权出处，学会保护尊重他人的劳动成果和知识产权。

13. 案例赏析：LUX 酒吧 - 齐权

14. 案例赏析：奉天小馆

15. 案例赏析：桃花坞里 - 伊振华

16. 案例赏析：红樱桃餐厅 - 伊振华

课前思考

你的学习渠道有哪些？怎样确保你学习内容的可持续性？

关于本课程，说说你平时的学习方法和学习路径及渠道，和大家分享下心得体会，看看对学习者是否有帮助。

1. 企业的案例文件资料

本部分内容版权归提供场地及案例的设计企业和公司所有，案例和模块文件仅供课程教学使用，未经许可不得转载或其他途径应用，违反将追究法律责任。

17. 沈阳圆及方装饰工程设计有限公司

18. 沈阳东川意创装饰设计有限公司

19. PKQ 空间设计机构

20. 沈阳浆果装饰设计有限公司

21. 沈阳天晟设计机构

2. 企业常用快捷键资源

（1）常用功能键

F1：	获取帮助	F2：	实现作图窗和文本窗口的切换	F3：	控制是否实现对象自动捕捉
F4：	数字化仪控制	F5：	等轴测平面切换	F6：	控制状态行上坐标的显示方式
F7：	栅格显示模式控制	F8：	正交模式控制	F9：	栅格捕捉模式控制
F10：	极轴模式控制	F11：	对象追踪模式控制		

（2）常用Ctrl、Alt快捷键

Alt+TK	快速选择	Alt+NL	线性标注	Alt+VV4	快速创建四个视口
Alt+MUP	提取轮廓	Ctrl+B：	栅格捕捉模式控制（F9）	Ctrl+C：	将选择的对象复制到剪切板上
Ctrl+F：	控制是否实现对象自动捕捉（F3）	Ctrl+G：	栅格显示模式控制（F7）	Ctrl+J：	重复执行上一步命令
Ctrl+K：	超级链接	Ctrl+N：	新建图形文件	Ctrl+M：	打开选项对话框
Ctrl+O：	打开图像文件	Ctrl+P：	打开打印对话框	Ctrl+S：	保存文件
Ctrl+U：	极轴模式控制（F10）	Ctrl+V：	粘贴剪贴板上的内容	Ctrl+W：	对象追踪式控制（F11）
Ctrl+X：	剪切所选择的内容	Ctrl+Y：	重做	Ctrl+Z：	取消前一步的操作

Ctrl+1：	打开特性对话框	Ctrl+2：	打开图像资源管理器	Ctrl+3：	打开工具选项板
Ctrl+6：	打开图像数据原子	Ctrl+8或QC：	快速计算器		

（3）尺寸标注

DRA：	半径标注	DDI：	直径标注	DAL：	对齐标注
DAN：	角度标注	END：	捕捉到端点	MID：	捕捉到中点
INT：	捕捉到交点	CEN：	捕捉到圆心	QUA：	捕捉到象限点
TAN：	捕捉到切点	PER：	捕捉到垂足	NOD：	捕捉到节点
NEA：	捕捉到最近点	AA：	测量区域和周长（area）	ID：	指定坐标
LI：	指定集体（个体）的坐标	AL：	对齐（align）	AR：	阵列（array）
AP：	加载*lsp程系	AV：	打开视图对话框（dsviewer）	SE：	打开对象自动捕捉对话框
ST：	打开字体设置对话框（style）	SO：	绘制二维面（2d solid）	SP：	拼音的校核（spell）
SC：	缩放比例（scale）	SN：	栅格捕捉模式设置（snap）	DT：	文本的设置（dtext）
DI：	测量两点间的距离	OI：	插入外部对象	RE：	更新显示
RO：	旋转	LE：	引线标注	ST：	单行文本输入
La：	图层管理器　绘图命令	A：	绘圆弧	B：定义块	
C：	画圆	D：	尺寸资源管理器	E：	删除
F：	倒圆角	G：	对相组合	H：	填充
I：	插入	J：	对接	S：	拉伸
T：	多行文本输入	W：	定义块并保存到硬盘中	L：	直线
M：	移动	X：	炸开	V：	设置当前坐标
U：	恢复上一次操作	O：	偏移	P：	视窗平移
Z：	缩放				

（4）CAD自设快捷键应用技巧（见前文内容：项目二→技能模块→技能点3：施工图布局设置及应用→3）

参考文献

[1] GB/T 50001—2017房屋建筑制图统一标准

[2] JGJ/T 244—2011房屋建筑室内装饰装修制图标准